动物免疫学研究方法与实验技术

樊淑华　王永立　王红星　著

北京工业大学出版社

图书在版编目（CIP）数据

动物免疫学研究方法与实验技术 / 樊淑华，王永立，
王红星著 . — 北京 ：北京工业大学出版社，2020.7（2021.5 重印）
　　ISBN 978-7-5639-7561-7

　　Ⅰ ．①动… Ⅱ ．①樊… ②王… ③王… Ⅲ ．①动物学
－免疫学－实验－研究 Ⅳ ．① S852.4-33

中国版本图书馆 CIP 数据核字（2020）第 168532 号

动物免疫学研究方法与实验技术
DONGWU MIANYIXUE YANJIU FANGFA YU SHIYAN JISHU

著　　者：樊淑华　王永立　王红星
责任编辑：张　娇
封面设计：点墨轩阁
出版发行：北京工业大学出版社
　　　　　（北京市朝阳区平乐园 100 号　邮编：100124）
　　　　　010-67391722（传真）　　bgdcbs@sina.com
经销单位：全国各地新华书店
承印单位：三河市明华印务有限公司
开　　本：710 毫米 ×1000 毫米　1/16
印　　张：9
字　　数：200 千字
版　　次：2020 年 7 月第 1 版
印　　次：2021 年 5 月第 2 次印刷
标准书号：ISBN 978-7-5639-7561-7
定　　价：58.00 元

前　言

免疫学是研究抗原性物质、机体的免疫系统和免疫应答的规律和调节以及免疫应答的各种产物和各种免疫现象的一门生物科学，它是和医学、兽医微生物学同时诞生的。自 20 世纪 50 年代以来，免疫学在理论和实践方面都产生了飞跃式发展，已成为一门独立的、富有生命力的新兴学科。动物（兽医）免疫学与医学免疫学的研究内容基本是一致的，只不过各有侧重。除基础免疫学方面外，医学领域侧重于临床免疫学研究，而动物免疫学则侧重于免疫血清学诊断与免疫防治。

本书共九章。第一章论述了动物免疫学的理论研究，第二章对血清学技术进行了研究，第三章阐述了动物采血技术，第四章对动物剖检技术进行了多维度的探索，第五章论述了多克隆抗体的制备技术，第六章论述了血凝实验，第七章对酶联免疫吸附实验及检测进行了研究，第八章阐述了琼脂扩散实验，第九章论述了动物免疫学实验的实践研究。

本书有两大特点值得一提：

第一，本书结构严谨，逻辑性强，以动物免疫学研究方法与实验技术为主线，对动物免疫学研究方法与实验技术所涉及的领域进行了探索。

第二，本书理论与实践紧密结合，为动物免疫学教学的发展与创新研究提供了提升路径和方法，以便学习者加深对基本理论的理解。

作者在撰写本书的过程中，借鉴了许多前人的研究成果，在此表示衷心的感谢。由于动物免疫学研究方法与实验技术涉及范畴比较广，需要探索的层面比较深，作者在撰写的过程中难免会存在一定的不足，对一些相关问题的研究尚不透彻，提出的动物免疫学研究方法与实验技术也有一定的局限性，恳请读者斧正。

目录

第一章　动物免疫学的理论研究

第一节　动物针灸免疫学的研究

一、针灸对体液免疫功能的影响

（一）对血浆杀菌力的影响

用电针和针灸治疗家兔实验性细菌性腹膜炎，发现针灸可使注入腹腔的细菌提前消失，血液的杀菌能力明显提高，在电针后 30 min 血浆杀菌能力增强，3 h 后稍有下降，于第 2 次针灸后 30 min 达到高峰，至 21 h 才恢复到针前水平。将针灸后的血浆经 56℃ 30 min 作用，发现血浆中含有的杀菌物质可能与补体、调理素和补体结合抗体有关。还发现电针家兔大椎、陶道、曲池和台谷穴，可使血清补体效价普遍升高，使动物体内的裂解素、调理素和凝集素增加。

（二）对特异性免疫物质的影响

在应用大白鼠尾静脉注射绵羊红细胞的免疫方法和 He-Ne 激光照射大白鼠背部俞穴的实验中发现，实验组的抗体滴度较对照组增加 2 ～ 4 倍。CO_2 激光照射家兔交巢穴使血清抗体效价明显升高。艾灸大椎、百会穴可以使家兔血清伤寒苗凝集素效价较对照组升高 2 倍多，日本学者报道的则更高，是对照组的 4 倍。在研究针灸治疗菌痢模型猴的机理时观察到，针灸组不仅较对照组的抗体生成早 4 d，抗体效价高 2 倍以及抗体保持时间更长久，而且能使剧烈下降的抗体效价重新出现高峰。

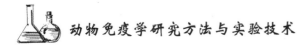

二、针灸对免疫分子与免疫细胞的调节

（一）针灸对免疫分子的调节

免疫球蛋白的结构分为可变区和恒定区两大部分。可变区识别并结合特异性抗原；恒定区包括补体结合部位和 Fc 受体结合部位。当免疫球蛋白与抗原结合后，一方面可通过经典途径激活补体系统，产生各种生物学效应；另一方面，其 Fc 段与细胞膜表面 Fc 受体结合后可引起 K^+、Na^+ 内流，并激活巨噬细胞，增强吞噬细胞的吞噬功能，并使某些能表达 Fc 受体的细胞直接杀伤靶细胞。

（二）针灸对补体系统的调节

补体在细胞表面激活后，一方面形成膜攻击复合物，使得各种小的可溶性分子、离子以及水分子可自由透过细胞膜，导致细胞溶解或造成细胞内钙超载，最终导致细胞死亡。另一方面，激活过程中产生的不同蛋白水解片段可介导体内各种生物学效应。

（三）对白细胞数及吞噬功能的影响

日本学者报道，家兔在灸后 2 min 内白细胞往往增多，有时高达 2 倍。时棱刚认为针灸后白细胞的量 2～4 h 达最高峰，到 24 h 渐复常态，而且以中性白细胞增加较明显。CO_2 激光照射家兔和山羊关元穴后，血清 γ- 球蛋白增加的，同时，白细胞数也明显增加，而且出现白细胞左移现象，吞噬细胞的吞噬力明显增强。艾灸或受疗仪辐射家兔百台和肾俞，每月 1 次，连续 9 次，使血清补体和免疫球蛋白含量增加，同时白细胞数明显增多。

三、针灸对 B 淋巴细胞、T 淋巴细胞的调节及影响

（一）对 B 淋巴细胞的影响

B 淋巴细胞是免疫系统中的抗体生成细胞。针灸对 B 细胞的调节主要影响 B 细胞的抗体生成，体现为针灸对免疫球蛋白的影响。此外，B 细胞被激活后可产生细胞因子，参与各种免疫应答调节，因此针灸对免疫应答的双向调节作用也体现在针灸对 B 细胞分泌细胞因子的调节上。

（二）对 T 淋巴细胞的影响

T 淋巴细胞来源于骨髓内的淋巴样干细胞，在胞腺内发育成熟为 T 细胞。

T细胞执行特异性细胞免疫应答。T细胞作为免疫效应细胞主要执行两方面的功能，即介导迟发性超敏反应和对靶细胞的直接杀伤作用。T细胞作为免疫调节细胞可辅助其他免疫细胞的分化和调节免疫应答。

针灸对T细胞亚群的主要影响有以下几点：①针灸对T细胞的影响具有双向性和调整性，其效果与机体原有的机能状态密切相关；②针灸对CD4+T细胞的影响较大，而对CD8+T细胞的影响不太明显；③针灸可使紊乱的CD4+/CD8+的值趋于正常。

四、针灸对其他免疫细胞的影响及研究

电针家兔双侧内关穴，发现其脑内和外周血液中亮脑啡呔含量增加，同时直接证实了亮脑啡呔能促进NK细胞对K582靶细胞的杀伤力。血液中大颗粒淋巴细胞（LGL）可执行全部NK/K细胞效应，分泌多种淋巴因子，参与调节T细胞、B细胞功能。

针灸具有促免疫功能的作用。电针足三里和三阴交穴，每天30 min，连续5 d，可使大白鼠血清中产生一种抑制因子，从而抑制刀豆素诱导的T淋巴细胞转化。而且这种抑制效应随电针强度增强而增加，并有明显时效关系，即5天最高，10 d抑制效应又消失。还证明这种淋巴细胞转化抑制因子的产生与血清皮质酮含量和肾上腺分泌的其他激素以及阿片受体无关。

针刺对机体细胞免疫功能的调控还反映在分子水平上，免疫组织化学方法结果显示，电针豚鼠足三里穴具有使肾上腺皮质cAMP免疫反应性和cGMP免疫反应性增强的作用，有对外周淋巴细胞cAMP和cGMP的免疫反应增强的影响。总之，针灸免疫的调控与神经系统、激素和神经递质有密切关系，它也和针刺镇痛一样，在机体内存在着一个完整的调节环路，但是目前对它了解得还不多，需要进一步深入研究。

第二节 动物医学类免疫学教学改革

动物医学类免疫学是目前生命科学中一门重要的基础学科，总结近年来对免疫学教学改革的实践可知，对动物医学类免疫学教材的及时更新、免疫学实验课教学的改进和考核方式的改革等举措，使学生更好、更快地吸收免疫学的

知识，更加积极主动地参与学习，促进了学生与最新的免疫学信息和知识的接轨。相信教学改革将激发学生学习的主动性和创新性，增强学生的实践能力和创新精神。

免疫学是生命科学及现代医学领域中的前沿学科，近几十年来发展迅猛，生物技术及新的实验技术、方法的快速发展更是促进了免疫学基本理论及新成果的不断涌现和免疫学的蓬勃发展，越来越多的疾病被认为与免疫有关并引起人们的广泛关注，免疫学的学习和研究也日益受到动物医学专业人员的重视。作为高等农业院校生命科学重要基础课之一的"动物医学类免疫学"，具有内容丰富、抽象复杂，涉及面广，发展迅速的特点。为了让学生更好地理解、掌握免疫学知识以适应将来的临床和科研工作，作者在动物医学类免疫学教学中进行了一些改革，多种教学方法统合运用，极大地调动了学生的学习热情，增强了学习兴趣，提高了教师的教学水平，使学生更形象地理解知识，并学以致用。以下详细论述。

一、精心设计、更新教学内容，增强教学效果

动物医学类免疫学系统性比较强，各个知识点比较抽象、深奥、难理解，在一定程度上造成了学生学习这门课程的困难。因此，要求教师在授课前精心设计教学内容，以学生相对容易接受的教学形式将各个章节的内容进行重组串联。教学内容的改革是教学改革的中心，免疫学知识点多，且该学科发展迅速，特别是进入 21 世纪以来，随着科学技术的快速发展，医学免疫学领域产生了日新月异的变革，使得现有的教科书很难跟得上其发展。以免疫学为例，免疫应答及其分子机理始终是免疫学研究的前沿性课题，近 30 年来对先天性免疫细胞和 T 淋巴细胞、B 淋巴细胞的抗原受体、抗原加工和递呈、免疫识别、免疫细胞活化以及信号转导进行了深入研究，迄今已发现和命名的淋巴细胞 CD 抗原分子超过了 200 种，对其在机体免疫应答中的作用与作用机制正在深入研究。我们采取多媒体手段，将最新的研究内容和更新的科研创新点融入课堂讲述中，进一步丰富了课堂内容，保证免疫学教学内容的更新、与时俱进。

二、紧跟学科前沿，开阔学生视野，调动学生学习兴趣

及时准确地向学生讲述、传递动物医学类免疫学的新理论和新发现，保持免疫学教材的与时俱进，是课程教学改革的重要方面。免疫学的知识点多，且

该学科发展迅速，教材的更新落后于学科的发展，因此针对免疫学的重要章节，我们对最近几年发表的高水平 SCI 期刊文章进行归纳总结，向学生讲解最新的研究进展，促进学生对知识点纵向深入地理解掌握。如讲述天然免疫系统时，介绍近年来重要的热点领域——天然免疫的识别机制，介绍近年来新发现的其他类别的一些同样发挥重要作用的模式识别受体，包括识别胞内细菌等感染的 NLR 和细胞内的病毒 RNA 识别受体 RIG-1 和 MDA5，让学生意识到这些不同的天然免疫受体之间存在着交叉或者互补的信号转导通路。如讲述 T 细胞和细胞因子时，介绍最近发现的一类不同于 Th1、Th2 和调节性 T 细胞的 CD4+T 细胞亚群。向学生讲授这一类 T 细胞亚群的发现，完善了 T 细胞分化的途径，丰富了以往 Th1、Th2、Th3、Treg 的 T 细胞亚群的种类，增进了学生对 T 淋巴细胞以及特异性免疫应答的进一步了解。及时跟踪免疫学的最新研究进展和研究热点，对教学内容进行及时的更新和补充，在很大程度上激发了学生的学习热情，从而大大增强了学生对免疫学课程的兴趣。

三、强化动物医学类免疫学实验课教学，注重实践及科研能力的培养

免疫学实验课所有的课前准备工作往往由学院的教辅人员负责，他们提前做好预实验，同时协助准备实验所需要的各种试剂和实验材料。在实验课堂上，教师指导学生按照实验步骤完成实验，并通过观察实验结果上交实验报告。学生缺乏对整个实验流程的了解一定程度上造成了主观上的被动，造成学生上实验课的积极性不高，不能从根本上提高学生的动手能力。在免疫学实验过程中，我们让学生加入实验试剂配置和实验材料的准备工作中，在很大程度上增强了学生的动手能力，同时提高了学生分析和解决问题的能力。与此同时，在符合实验室安全要求的前提下，免疫学实验室还鼓励学生通过查阅大量的资料了解实验进展，进行探索性实验设计，部分同学在探索性实验的前期研究结果基础上，获得了大学生创新创业训练计划项目资助。这些措施的实行大大激发了学生的学习热情，提高了学生对课程学习的主动性和创新性，使学生具备了一定的科研设计能力，得到了一定的科研训练，有利于学生进一步的科研深造。

四、增强与其他专业课的联系，培养学生的创新思维

在教学过程中将学生已学的其他专业课程和免疫学紧密联系，让学生在学

习的过程中逐步培养逻辑思维能力，做到融会贯通。以兽医微生物学与免疫学为例，由于疫苗的广泛应用和新型药物的发展，一些以前严重危害人类健康的疾病已经被消灭或者发病率大大降低；与此同时，新的病原微生物如非典型性肺炎、手足口病、甲型 H1N1 流感和 H7N9 禽流感等不断出现，很多公共卫生事件都与免疫学有密切的联系。这就要求教师在教学过程中及时根据变化调整、更新授课内容，及时将新颖和具有实效性的最新研究内容放入课程中，使学生所学的理论知识与临床实践紧密结合。2013 年，H7N9 禽流感疫情严重，作者所在教研室针对疫情的发展，从免疫学的角度进行专题讲述，从流感病毒的历史、流行现状、临床症状和预防原则等多个方面进行了介绍，向学生传递了流感病毒是可防、可控和可治的，在很大程度上避免了学生产生恐慌心理。

五、改革考核方式，注重学生实践能力的培养

考试是为了对学生所学知识点进行全面梳理，融会贯通，是评定学生掌握知识的有效手段，也是检验教学水平和了解教学情况的重要途径。在对教学内容和教学方式进行探索改革的基础上，我们制定了综合的考核评价体系，将课程考核的改革与免疫学的知识、平日的课程考核、期末考试和实验技能的考核结合起来，考核采取笔试、开卷、闭卷、课堂提问和实验操作技能等多样的方式。开卷考试的方式在一定程度上相对客观地体现了学生对免疫学知识的实际掌握情况和综合运用所学知识的能力，促进了学生潜能的发挥。课堂提问活跃了课堂气氛，在一定程度上促使学生做到提前预习，提高了学生学习的自主性。实验操作技能的培养督促学生学习，对培养学生的实践动手能力起到了积极的推动作用，也提高了学生的创新能力。

对动物医学类免疫学教材的及时更新、对免疫学实验课教学的改进、免疫学与其他专业课联系的加强和考核方式的改革，使学生能更好、更快地吸收免疫学的知识，更全面地紧跟学科前沿，开阔了学生视野，激发了学生学习兴趣，促进了学生学习最新的免疫学知识。改革动物医学类免疫学教学，使之适应我国高等农林院校的专业性教学，使之适应现代化畜牧养殖业的需求，对提高高等农林院校的免疫学教学质量，提高当代大学生的实践能力和创新思维都有重要的作用。

第三节　动物生态学研究中免疫学参数的选择及其优缺点

脊椎动物通过免疫系统抵御外界不良环境条件的侵袭。如何发展出简单实用、稳定性好且易于操作的野外免疫学技术，并将其应用于动物生态学研究，是新兴学科——生态免疫学要解决的主要问题之一。本节以脊椎动物为例，结合生态免疫学的研究进展，介绍了一些应用较广的免疫学测定指标，概述了这些测定指标在野外研究中的优缺点，强调了免疫学指标体系间的复杂关系，建议在脊椎动物生态学研究中使用多层次的免疫学指标体系来度量动物体免疫功能的变化，在生态学和生活史进化的背景下理解免疫功能与其他生理活动或免疫系统内部的权衡关系，提出受所研究目标动物的物种特异性和野外操作条件的限制，多种免疫学参数的有效性尚需确证。

生态免疫学是 20 世纪 90 年代逐渐兴起的一门交叉学科，重点研究生态学背景下动物免疫功能发生改变的原因和结果（Sheldon & Verhulst，1996；张志强、王德华，2005）。经过多年的发展，以免疫为中心，其理论体系和技术手段逐渐成熟，促进了种群动态、生活史进化和寄主—寄生虫之间的相互作用等领域的研究（Martin et al.，2011；Brock et al.，2014）。与免疫学家只关注模型动物（如小鼠、大鼠）的免疫系统不同，生态免疫学家更强调自然条件下野生动物免疫功能的变化，以及这种变化与其他生理活动和生活史进化之间的关系。从实验室到野外研究，面临着更多不确定性因素，发展简单实用、稳定性好、易于操作的野外免疫学技术，一直是生态免疫学学科建立以来的努力目标，也是促进生态免疫学向纵深发展的原动力之一。本节以脊椎动物为例，简述了脊椎动物免疫系统的构成，结合本人已有的实验室和野外工作经验及当前的研究进展，介绍了当前生态学研究中使用较广的免疫学参数（含天然免疫、细胞介导的免疫和体液免疫）在野外应用中的优缺点和注意事项。

一、脊椎动物免疫系统的组成概述

脊椎动物的免疫系统是抵御外来刺激的有效屏障，执行区分自身和非自身的功能。尽管脊椎动物免疫系统的组成有差别，但从免疫机制上划分，均可分为天然免疫和获得性（或适应性）免疫，后者又包括细胞介导的免疫和体液免疫。

7

一般来说，天然免疫应答比获得性免疫应答要快，是非特异性的、先天就有的应答，是防御病原体入侵的第一道防线，如身体的解剖学屏障（黏膜、皮肤）、体内的常居菌（非病原菌）、体液因子（溶菌酶、补体和其他的急相蛋白）和细胞应答（嗜中性粒细胞、单核细胞和巨噬细胞等类型的吞噬细胞，由嗜碱性粒细胞、肥大细胞和嗜酸性粒细胞所产生的炎症介质，以及自然杀伤细胞）等。获得性免疫应答通常较慢，是机体与外来侵害物接触之后才获得的免疫特性，对起诱发作用的抗原有特异性，需激活针对特定病原体的应答后，才可作为后续的防线来起作用。

二、动物生态学研究中应用较广的免疫学指标及其优缺点分析

鉴于免疫系统组成的复杂性，野外条件下究竟采用何种免疫学测定方法，除有必要全面理解其免疫应答反应或此反应的生物学意义外，还需要确定寄生感染的种类及由此所导致的免疫能力变化是否真实地反映了寄主对寄生物的反应。有学者建议，尽管免疫学技术发展迅速，新的免疫学测定方法不断涌现，但在野外选择免疫学测定方法时，仍应重点考虑以下 3 个问题：所选的免疫学参数应为一套组合，能涵盖免疫的主要组分（天然免疫、细胞介导的免疫和体液免疫）；无须提供针对特定物种的昂贵试剂和抗体，且此类技术也可用于非模式动物；这些技术不但适用于实验室研究，当遇到重捕或个体麻醉等问题时，也应适用于野外研究。

（一）形态学和组织学测量

淋巴器官的重量。淋巴器官如脾脏、胸腺或腔上囊（鸟类）的相对大小，可作为判断脊椎动物免疫系统健康状况的初步信息；尽管对鸟类的研究表明，脾脏大小与免疫功能的强弱表现为正相关关系，但将其作为判断免疫功能高低的标准仍需谨慎，因在其他脊椎动物中尚无脾脏大小与免疫功能显著相关的实验证据。测量脾脏的重量仅需简单的手术器械和精确度为千分之一的电子天平即可完成，可在野外或实验室内进行；测定胸腺的重量，因其质量远小于脾脏，一般需要精确度为万分之一的电子天平。无论哪一种免疫器官，在野外均可用固定剂（如中性甲醛、多聚甲醛或波恩氏液）进行固定处理，运回实验室经石蜡包埋后可长久保存，为将来的组织学或组织化学分析做准备。这种方法的不足之处是必须处死动物；且对结果的解释有局限性，需依赖后续的组织学观察来定量。

血液学参数。血液学测量主要指通过血液中细胞种类、数量和成分的变化来估测动物体的免疫功能。测定的指标包括：红细胞数量、白细胞数量、白细胞分类和血细胞比容，以及白细胞计数及嗜异性粒细胞与淋巴细胞的比值等。这些指标应用较广，常见于动物生态学研究，尤以白细胞计数最为普遍。计数各型白细胞的方法有多种，包括血涂片、血液分析仪和流式细胞仪等。血涂片需要载盖玻片、蒸馏水和瑞氏吉姆萨试剂，价格低廉；若在野外使用，也有商品化的快速瑞氏吉姆萨试剂盒出售，配以纯净水，即可完成相关操作。血涂片通常通过计数 100 个成熟的白细胞，并根据细胞的形状、细胞质的内容物和颜色来区分嗜异性粒细胞、嗜碱性粒细胞、嗜酸性粒细胞、单核细胞和淋巴细胞。血液分析仪和流式细胞仪目前主要应用于哺乳动物，价格较昂贵，且人员必须经过培训后才可完成测定；非哺乳动物因为具有有核的红细胞，细胞的分型较为困难。若能获得动物的血液样本，血涂片和血液分析仪对试剂的选择均无特定的依赖性，可用于大多数物种的研究，从一份血液样本中即可同时收集多方面的有效信息，如白细胞的浓度和组成、血液寄生虫的感染状态及是否贫血等。然而，血液学分析仅代表了天然免疫或获得性免疫简单的、总的测量。在感染、受伤或致敏状态下，有机体的白细胞数量都会升高。因此，在实验处理过程中，包括感染状态在内，应确保所有的受试动物都处于同一外部或内部应激物的刺激之下。如能在实验处理前、处理期间和处理后，连续测定白细胞数量的变化，则不失为更好的实验方案。对小型哺乳动物来说，通过尾尖、眼眶静脉丛或颈静脉，均可进行连续多次的微量采血，但应用这些方法人员需要多次训练后才能较为熟练地掌握。

（二）天然免疫

测定动物天然免疫的方法较多，包括抗菌肽、补体蛋白的定量、溶血性补体、自然杀伤细胞毒性、杀菌能力测定和巨噬细胞的吞噬能力等。杀菌能力测定（Bacterial Killing Assay，BKA）是在体外测量新鲜全血杀死细菌能力的一种方法，需要 10 μL 血清、培养皿和恒温箱，操作需在无菌的层流罩内完成，所需的大肠杆菌冻干粉和细菌培养用试剂均已商品化，可通过购买获得。金晨晨曾对中华蟾蜍对大肠杆菌杀菌能力的季节变化进行过测定分析。BKA 对样品的保存时间有要求。虽然可以使用冻融后的血清或血浆样品来代替全血，但在采集后数小时或数天内使用效果最好。血浆样品被反复冻融或较长时间储存（超过 20 d），杀菌能力将显著降低。需要强调的是，物种的杀菌能力可随实验条件或生活史背景而变化，为了确定血清或血浆及菌株的最适稀释浓度，必须做预实验。计算杀菌能力的方法有两种：经典的方法为经平板培养细菌后通过人工计数来计算菌落数，进而估测血液样品的杀菌能力；另一种方法为通过分光光度计对细菌菌株进行定量，此种方法可靠性更高，且所需的样品量较少。通过 BKA 可估测有机体消除急性病原体的能力，在功能上与寄主的免疫功能更相关。

（三）获得性免疫

获得性免疫的测定方法包括体外淋巴细胞增殖和迟发型超敏反应（Delayed-Type Hypersensitivity，DTH）。尽管淋巴细胞增殖是一种重要的免疫学分析方法，但需在离体、无菌的条件下，并在获得细胞或血样的 24 h 内进行实验，通常要求备有储存活细胞的介质；同时，尽管在某种实验条件下免疫细胞可能增殖多或少，但较多的增殖并不代表对病原体具有较大的破坏能力，体外淋巴细胞增殖情况并不能等值反映动物体免疫功能的变化，这使得这项技术难以在野外推广使用。植物血凝素（PHA）和 2,4- 二硝基氟苯（DNFB）（Dhabhar，1998；Bilbo & Nelson，2003）是最为常见的用于诱导产生 DTH 反应的抗原。两种抗原都作为 T 细胞的丝裂原起作用，均来源于红肾豆（Phaseolus vulgaris）。与 DNFB 相比，PHA 广泛应用于两栖动物、爬行动物、鸟类和哺乳动物。外源注射 PHA 将导致注射部位 T 细胞的增殖，增殖总量大体上与免疫应答的强度相当。这种初始的反应伴随着 T 细胞的增殖，再次暴露将比初次暴露产生更强的反应。然而，关于 PHA 反应的确切机制，目前仍有争论，它除参与细胞介导的免疫反应外，也可能与天然免疫和免疫记忆能力有关。建议使用具感应能力的数显卡尺（0.01 mm）来测定 PHA 注射前后皮肤组织的增厚程度，这样可尽量减少测量中的人为误差；微量进样器（50 μL）也是必备的工具之一，其精确度高于注射器。PHA 的反应强度表示为注射部位皮肤厚度的改变或注射部位的肿胀程度，所以必须测量基准值或对照部位的厚度。在 DTH 研究中，有两种有效的对照方法：第一种是先测量拟注射部位抗原注射前的基准厚度；第二种是在整个研究过程中，以对侧的厚度作为对照。DTH 反应具有反应快速、操作简单和不需要特定的抗体等优点，适用于大多数物种的室内研究，也有在野外测量成功的例子。

（四）体液免疫——总的 Ig 水平和抗原刺激

脊椎动物中，可产生抗体反应的常见抗原包括匙孔血蓝蛋白（Keyhole Limpet Hemocyanin，KLH）、白喉破伤风毒素和绵羊红细胞等。此外，在生态学背景下，动物也可能与相关的病原体（如肺炎和疟疾）发生相互作用，或被特定疾病的定量抗体所攻击。

KLH 是一种来源于火山透火螺（Megathura crenulata）的软体动物抗体，与脊椎动物的亲缘关系较远，在注射后第 5 d 和第 10 d，血清中的 IgM 和 IgG 值分别达到最高值。通过酶联免疫吸附测定方法（ELISA）和酶标仪可测定这两种免疫球蛋白的含量。KLH 抗原刺激需要注射备选抗原，整个反应过程需 10 d 以上，且在中间需重复采血一次，适用于实验室研究。若在野外执行，需保证动物易于重捕。经低温（-20℃）冷冻处理后的血清样品，长时间保存对实验结果的影响也不大。

除了本节所介绍的免疫学参数外，一些学者还发展了整合性测量免疫功能的手段，包括细胞因子谱（cytokine profiles）、伤口愈合、发热/疾病反应和传染病模型等。此外，对各种较为成熟的技术手段，在生态免疫学的相关网站上均有较为详细的操作步骤，感兴趣的读者可自行查阅。

三、脊椎动物免疫学参数间的复杂关系

经验数据表明，未经免疫刺激处理或经外源刺激处理的脊椎动物，反映其本底（非诱导型）水平免疫功能的多种免疫学参数都展示出了不同的季节或年度变化模式。在生活史理论框架下，受资源分配的限制，某一种或多种免疫指标的下降并不等同于免疫功能的降低，因为免疫系统的其他组分此时可能会升高。某一类免疫应答的下降可能会由免疫细胞的再次分配来补偿，或者通过某一未知的免疫路径来上调，这需要在相近的时间内同时测量多个免疫指标，同时需用外源的刺激来处理目标动物。

早期研究表明，脊椎动物中辅助性 T 细胞（helper T cells，Th）的 Th1 和 Th2 之间有明显的权衡关系存在，其中 Th1 主要介导细胞免疫，而 Th2 主要调节体液免疫。对雌性白足鼠（Peromyscus leucopus）的研究发现，预先暴露的伤口对细胞介导的免疫反应有阻碍作用，而细胞介导的免疫活动的诱导则会改变伤口的愈合速度。限食情况下，红腹滨鹬（Calidris canutus）的获得性免疫功能维持稳定，不受食物条件的影响，但为了维持能量摄入，耐受限时处理的

红腹滨鹬的急性期反应受到了抑制，同时产热能力下调。经内毒素处理后，云雀（Alauda arvensis）的 10 项免疫学指标中有 6 项受内毒素的影响，即裂解度和嗜异性粒细胞的比例增加，但珠蛋白含量、淋巴细胞、嗜碱性粒细胞和嗜酸性粒细胞的比例下降，但 5 年内上述指标均无年际波动，说明针对某种类型的免疫反应，免疫系统其他部分的反应也是复杂的。

免疫学方法介入动物生态学研究，为动物生理生态学和生活史进化研究提供了新的思路和途径。实验室受控条件下，继续寻找和筛选适用于野外研究的免疫学指标体系，仍是一项艰巨的任务，新的技术手段仍有待发掘，多种免疫学参数的有效性尚需确证。受所研究的目标动物的物种特异性和野外操作条件的限制，在生态学背景下，结合全球变暖和食物可利用性等因素的变化来研究免疫系统内部各参数之间的权衡关系，多层次和全面地对免疫学指标体系进行选择仍是筛选适用"靶标"的必由之路。

第二章 血清学技术

第一节 药物抗体血清学检测技术

药物的临床应用中，在减轻患者病情、症状的同时，也刺激机体产生免疫反应，部分免疫反应会造成溶血性贫血。常规的输血实验室一般较重视血型相关的血清学实验，而对药物相关的血清学实验缺乏经验。本节介绍了药物抗体的检出技术及应用，为临床输血实验室在输血前检测过程中药物引起的血清学实验结果提供一定的借鉴和参考。

由药物免疫产生的抗体能与药物本身以及红细胞固有抗原或红细胞膜反应，导致红细胞直接抗人球蛋白实验阳性或（和）破坏红细胞，有部分药物能引起红细胞膜非免疫性蛋白吸附，导致直接抗人球蛋白阳性。

药物抗体在经典的血型血清学中会引起直抗阳性、抗 IgG 以及抗 C3 阳性，部分药物抗体在没有添加药物的情况下，血清与所有的细胞有宽泛的反应。药物抗体的血清学检测对诊断和预防各种药物引起的溶血性反应具有重要的价值。目前对于药物抗体的研究远落后于血型抗体，主要原因是药物品种繁多，药物以及代谢物对红细胞的影响机制不清楚，以及血清学检测方法较困难。许多学者致力于研究药物抗体的类型、药物抗体对溶血的影响因素、建立药物抗体的检测技术。目前对于药物抗体，根据不同类型建立了多种方法，用于检测血清中的药物抗体，提示临床换药或停药，避免药物导致的溶血性贫血。

药物导致的抗体在血清学检测中可分为两类：药物依赖抗体与非药物依赖抗体。药物依赖抗体是指在血清学检测药物抗体时，必须有药物或其代谢物参与，才能检出的抗体；非药物依赖抗体是指在血清学检测药物抗体时，不需要药物（包括其代谢物）参与，就能导致细胞凝集的药物抗体。

药物依赖抗体是患者的血清（或放散液）必须在有药物（或药物代谢物）存在的环境下才与红细胞有免疫反应。青霉素、二代和三代头孢抗生素等药物存在的环境能使患者血清中的药物抗体与红细胞反应。非药物依赖的抗体中经典的引起非药物依赖自身抗体的药物有 α - 甲基多巴。目前使用的药物，如甲芬那酸、普鲁卡因胺，能修饰免疫系统；药物抑制 T 细胞不能控制机体产生的自身抗体。通常检测自身抗体时不需要药物。

本实验采用 Langmuir 吸附模型和 Freundlich 吸附模型对两种吸附剂的吸附过程进行拟合测定。吸附等温线是评估吸附剂吸附性能的一个重要因素。

液体药物的药物溶液配置：选择患者近期使用的药物，依据说明书中的有效成分，直接稀释至 1 mg/ml。

药物处理红细胞过程：将药物溶液与压积红细胞 15 ∶ 1 混匀后室温孵育 1 h（硼酸溶液溶解的药物 37℃孵育 2 h，抗生素类药物溶液 37℃孵育 1 h），洗涤 3 ～ 4 次，备用。

药物及药物代谢的准备：药物及药物代谢物是检测药物依赖抗体的必需条件。实验药物的制备需要从片剂、胶囊、粉剂或溶液中提取药物的主要成分，调制到实验所需的浓度（一般为 1 mg/ml）。实验用药物代谢物的制备则需要通过志愿者接受一定剂量的药物后，采集其尿液或血液作为药物代谢物成分，用于检测患者药物代谢物依赖抗体。

药物代谢物的药物溶液配置：志愿者接受药物治疗后，根据 PDR 查询药物最大代谢时间段，选择在这个时间段收集志愿者的晨尿，离心弃去上层清澈液体。

药物抗体检测过程：将 5 个试管分别加入患者血清与药物（药物代谢物）、患者血清与稀释液、正常血清与药物（药物代谢物）、正常血清与稀释液、稀释液作为一组，准备两组试管。在第一组试管中加入正常红细胞，第二组试管中加入酶处理后的红细胞。部分药物抗体只有在补体参与的条件下会有强反应，适当情况下需加入新鲜血清（补体）进行反应。室温孵育 30 min 离心，观察 IgM 型药物依赖抗体；37℃孵育 1 h，离心观察结果；生理盐水洗涤 3 ～ 4 次加抗人球蛋白试剂离心观察结果。

检测药物依赖抗体可分为一步法和二步法。一步法为患者血清（或血浆）、放散液与正常红细胞（或酶处理后的红细胞）在添加药物的环境下进行反应，用于检测药物依赖抗体。二步法为药物或其代谢物先与正常红细胞进行反应，使红细胞膜与药物结合，配置成悬液。药物红细胞悬液再分别与患者的血清（或血浆）、放散液进行反应，用于检测药物依赖抗体。根据患者近期使用药物品种的性质，选择使用一步法或二步法检测药物依赖抗体。

一步法检测药物依赖抗体：主要用于检测药物（或药物代谢物）存在环境下的药物依赖抗体，这类药物一般不会与红细胞膜有效结合，而药物抗体必须在药物存在的环境下才会造成红细胞的凝集或溶血。

二步法检测药物依赖抗体：主要用于检测能结合在红细胞上的药物，一般有青霉素、部分头孢菌素及其他抗生素。青霉素、第二代和第三代头孢菌素可引起免疫应答，产生免疫性抗体，可在药物处理的红细胞上有所识别。

固体药物的溶液配置：选择患者近期使用的药物（片剂、胶囊或粉剂），按照说明书显示的有效成分计算称重，并查询其合适的溶液及溶解度。青霉素类药物（如青霉素、哌拉西林、三唑巴坦等）溶于 pH 值为 9.6 的巴比妥缓冲液中；半合成青霉素药物（如二钠羧苄青霉素、氨苄青霉素钠盐、头孢替坦等）溶于 pH 值 9.6 ～ 10 的硼酸缓冲液；而其他类抗生素、抗肿瘤药物（如头孢曲松、头孢噻吩等）溶于 pH 值为 7.3 的 PHS 溶液，并根据不同药物的溶解度特性，添加 6% 的白蛋白、丙酮或酒精溶液。药物溶质全部溶解于溶液，药物溶液的浓度保持在 40 mg/ml 左右。

药物抗体检测过程：分别标记患者血清、血清稀释液（通常是 1 ：20）、放散液、阴性对照和阳性对照试管，每根试管各加 2 滴，设为 1 组；共 2 组。将其中 1 组全部加入药物处理的红细胞，另一组加入正常的红细胞作为对照。

结果判定：离心观察盐水 IgM 抗体结果，然后进行间接抗人球蛋白实验，观察 IgG 抗体的结果。

药物抗体的检测：一般血库发现药物抗体往往使患者红细胞呈抗阳性，红细胞放散液与筛选红细胞或谱细胞不发生反应。在常规的抗体筛选实验中，患者血清与未经药物处理的红细胞（或不含有药物环境条件下与红细胞）不发生反应，而与药物处理后的红细胞（或含有药物环境条件下与红细胞）发生反应，则表明患者血清含有药物依赖抗体。

将所有的药物溶液酸碱度调至 5.0 ～ 8.0，备用。

结果分析：患者血清、药物与红细胞反应为阳性则表示检出有药物依赖抗体；患者血清、药物与红细胞，患者血清、稀释液与红细胞反应为阳性，样本血清倍比稀释后重新进行检测。

对于一步法与二步法的选择主要由药物与红细胞膜是否有反应来决定。部分药物（如青霉素、头孢替坦等）和红细胞以共价键形式结合在红细胞表面，这类药物抗体直接和药物反应，复合物能被巨噬细胞 Fc 受体识别并吞噬，一般引起血管外溶血，针对这类抗体用一步法或二步法均能检出；部分药物（如头孢曲松、哌拉西林、非甾类消炎药、奎宁等）能与红细胞以共价或非共价键形式结合，形成一个新抗原，药物抗体能与药物、药物与细胞膜或细胞膜表面新抗原进行反应，一般引起血管内溶血。

结果分析：患者血清（或放散液）与药物处理红细胞有反应，其余均为阴性则鉴定为患者含有药物依赖抗体；患者血清（或放散液）与药物处理和未处理红细胞均有反应，而阴性对照的正常血清与细胞没有反应，患者可能存在非药物依赖的自身抗体；患者血清（或放散液）和阴性对照的正常血清与药物处理红细胞有反应，与药物未处理的正常红细胞没有反应，该药物处理红细胞可能导致红细胞表面有非特异性蛋白结合，从而引起阳性结果。

在药物品种的多样性、药物成分和添加剂的复杂性，以及药物抗体与自身免疫性溶血性贫血在血清学检测结果中的相似性等多种干扰因素的影响下，药物抗体的检测在很多情况下有一定的局限性，导致检测结果不理想。因此，在进行具体的药物抗体检测前，有必要先了解该药物抗体检测的局限性，及如何做好质控，使得到的结果具有临床意义。

药物抗体的局限性包括以下几方面：部分药物处理红细胞后造成红细胞非特异性反应；部分药物属于共价结合白蛋白药物，当药物的稀释液含有白蛋白时，药物浓度达不到实验要求的最低浓度；药物稀释液或药物代谢物的酸碱度不在测试的酸碱度范围内；药物抗体之间有交叉反应（部分头孢菌素抗体与青霉素处理红细胞有交叉反应）；患者存在不规则抗体或自身抗体与反应的红细胞有阳性反应。

药物抗体的质控要求：除阴性对照外，尽可能加入阳性对照（部分药物抗体阳性血清很难获得），若含有阳性对照，其反应强度必须有 2+ 以上；药物抗体检测过程中还需要加入正常血清（或稀释药物的稀释液）进行平行对照，以防止正常的血型不规则抗体或自身抗体引起凝集反应。因此，在整个实验体系中必须有、患者血清＋药物＋红细胞、患者血清＋稀释液＋红细胞、正常血清＋药物＋红细胞、正常血清＋稀释液＋红细胞、稀释液＋红细胞、阳性对照

＋药物＋红细胞等1组或2组（第二组为酶处理后的红细胞）实验体系。

综上所述，虽然已对不同类别的药物建立了不同的药物检测实验，但是任何一种方法都有不足之处，都不是完美无缺的。另外，检测阈值以及技术人员的操作熟练程度等会对实验结果有一定的影响。目前没有一种方法可以达到100%的正确率，任何一种方法都有其局限性，应使用不同方法相互补充。根据不同的检测要求及自身实验条件（如经费、设备、时间、标本量）等选择相应有效的检测方法，并善于灵活应用各种方法，才能得到一个准确的结果。时代不断前进，科学不断进步，各种检测新技术不断发展，方法学的研究也在不断改进提高。

第二节　血清学检测技术在猪场中的应用

随着国内养猪业的迅速发展，养猪场越来越向标准化、规模化、科学化方向发展，猪场疫病的发展越来越复杂，安全养殖成为目前猪场的首要任务，动物疫病控制成为影响养殖业健康发展的主要因素。在猪场疫病预防和控制中，血清学检测往往成为最经济有效的技术手段。

血清学检测是利用抗原可与相应的抗体特异性结合的特性，利用已知的抗原（或病原）来检查血清或其他样品中是否含有相应抗体，也可以利用已知的抗体来捕获血清中对应的抗原（或病原）。血清学检测技术最常用的凝集实验和酶联免疫吸附实验技术，对一般规模的养猪场来说，血清学检测技术在猪场的疾病诊断和防控中成为一种重要的技术手段，成为一种有效降低疫病风险、保证养猪场安全健康生产不可或缺的工具。血清学检测技术在猪场主要用于以下几个方面：

一、疫病预防

（一）引种时健康评估

在计划引进种猪时，先要对新引进的种猪进行血清学检测，对新引进的种猪做一个全面的健康评估，避免引入阳性带毒个体，避免将一些新的传染病通过引种带入猪场。同时，对种公猪购买的精液以及种公猪的销售等诸多环节也要进行检测。

（二）确定仔猪最佳首免时间

仔猪最佳首免时间的确定对免疫成败具有决定性影响，不同猪场、不同猪群存在显著的健康差异，所以通过血清学检测技术研究猪场母源抗体消长规律有着重要的意义。母源抗体在首免时参差不齐，仔猪免疫时疫苗免疫剂量很难确定，当母源抗体水平很高时，疫苗中的抗原被母源抗体中和而致免疫失败，或母源抗体过低而又没有进行及时免疫，而出现免疫空白期，在这期间如果仔猪被野毒感染就会造成猪场损失。通过血清学检测技术来监测母源抗体的消长规律，确定首免最佳时机为以后疫病防控提供坚实基础，可减少免疫失败造成的养殖损失。

（三）确保免疫效果的持续性

在养殖生产过程中，一般一种疫病的预防需要多次加强免疫才能取得较好的免疫效果，并且多数疫苗免疫都有一定的保护期，要保证疫苗免疫长期有效，避免疫苗免疫的空白期出现，必须通过实验室血清学技术定期监测分析抗体的消长规律，确定疫苗免疫的间隔时间和适当时机，及时加强免疫而保证持续有效的免疫保护。

（四）疫苗免疫效果评价

由于疫苗生产厂家和批次较多，疫苗质量参差不齐，并且在运输和使用过程中存在差异，所以导致各个猪场的疫苗免疫也存在差异。为及时掌握疫苗免疫的效果，就必须依靠实验室血清学检测来评价免疫效果，根据免疫效果评价，及时对免疫程序进行修改和优化，采取紧急措施，查缺补漏，完善防疫措施，降低疫病风险。

（五）排除猪场疫病隐患

通过定期血清学检测，建立完善的检测资料档案，通过分析对比，及时了解猪群是否具有防疫能力，查找猪场存在的薄弱环节，消除疫病发生的隐患。现在多数疫病在临床上没有明显的症状，处于持续的隐性感染状态，如猪伪狂犬、圆环病毒、非典型性猪瘟等，只有在多种环境因素发生变化时才发生爆发流行。所以利用血清学检测技术，可以及时掌握猪场疫病流行动态，防患于未然。

二、疫病诊断

目前猪场疫病具有多样性和复杂性，新的疫病不断出现，某些疫病在猪场存在持续感染和潜伏感染，混合感染的疫病也越来越多，单纯靠临床症状和病理解剖已经很难确诊，必须结合实验室检测才能提高猪场疫病诊断的准确性。病原学诊断技术虽然在疫病诊断中占有重要的地位，但是受病原学诊断技术对实验室人员要求高、投资大、花费高、时间长等因素影响，对一般规模养猪场来说并不实用。猪场发生疫病时要求利用简单、快捷、方便的诊断技术及时进行诊断，以便及时采取措施，尽快减少损失控制疫病，而血清学检测技术相对快捷、廉价，对一般规模的养猪场是一种经济可行的诊断手段。

三、规模场疫病净化与控制

国家近年来大力推广规模场主要动物疫病净化技术，规模场主要动物疫病净化是养殖业发展的大势所趋。规模场的疫病净化可以有效控制疫病对养殖产生的主要风险，同时可以极大地提高生产性能，从而增加养殖效益。要使猪场进行疫病净化，就要对猪场进行疫病健康评估。要达到净化标准，使猪场长时间处于无疫病和无感染状态，持续的疫病检测是必不可少的。血清学检测技术用于猪场净化的成功案例就是猪伪狂犬病，由于应用 gE 基因疫苗免疫后，可以通过血清学方法区分疫苗注射动物和野毒感染动物。通过用配套的 gE-ELISA 试剂盒检测和分析，可以使猪场达到净化标准，这在中国很多猪场都已取得成功。另外，口蹄疫也可以通过非结构蛋白 ELISA 方法区分疫苗免疫动物和野毒感染动物，这对猪场的疫病诊断和流行病学调查起了极大的作用。相信随着生物技术的发展，血清学鉴别诊断技术将得到更广泛的应用，这将更有利于猪场主要动物疫病的净化和控制。

总之，血清学检测技术可以用于猪场的疫病预防、疫病分析、免疫效果评价、疫病诊断和净化等，还可以通过定期监测，了解猪群疫病动态学变化，制定科学有效的防控措施，极大地提高猪场疫病防控能力，显著提高猪场生产力。

第三节　血清学检测技术在动物疫病防控中的应用

一、血清学检测概述

内涵。血清学检测过程要借助体外抗原抗体反应对相关参数进行分析，主要是利用了抗原和相应抗体特异性结合的基本特征，利用已知抗原检测产品中是否也含有相应的抗体，从而有效检测动物的免疫效果，真正践行预防疫病的要求。

血清样品的制备。在血清学检测工作开展的过程中，制备血清标本，要对猪耳静脉或者是前腔静脉进行采血，将血容器放置30°倾角，室温静置2～4 h，待其血液全面凝固后，就能保证血清的自然析出。

二、血清学检测在动物疫病防控中的应用

2017年，广西南宁市农业部门依托基层力量，对全市范围内养殖情况进行了摸底排查，期间，对养殖户养殖实际数量、动物疫病发病等具体情况进行了系统化分析。本节以南宁市动物疫病预防控制中心2017年对病猪疫情防控的具体工作为例，介绍具体的应用措施。

第一，试验方法。为了进一步落实血清学检测机制，南宁市动物疫病预防控制中心落实常规化抗体监测工作，按照不同情况建立健全系统化监督管控机制，确保相关操作模型和操作效果最优。目前，中心主要采取的检测方法就是血凝实验和实验，能在落实具体问题具体分析的基础上，确保检测项目的完整程度和实效性。

①血凝实验，这种应用方式较为简单，且能保证结果的准确性，利用平板或者是试管就能进行凝集实验。例如，猪瘟或者是猪口蹄疫都能使用间接血凝实验进行血清分析，从而得出相应结论。

②实验，这种方式能有效对数据进行对比分析，且实验结果更加具有公信力。在2017年，中心就利用实验对猪瘟以及猪口蹄疫等疾病的检测结果进行实验室之间的对比分析，真正实现定性分析、半定量检测工序。另外，实验的应用技术具有敏感性高以及特异性强等特征，能在维护重复性的同时，确保稳定性能符合实际标准。在工作过程中，控制中心工作人员发现，不同因素会对

实验产生影响，其中，温度、湿度以及时间等都是较为关键的项目。部分养殖场会借助检测免疫抗体滴度对具体情况予以判定，提高操作简便性，真正优化抗体检测技术，为项目的可持续发展以及推广奠定坚实基础。

第二，疫病诊断。南宁市动物疫病预防控制中心还借助血清学检测了解猪群的正常健康情况，从而对疫病进行集中判定和分析，有效对当地养殖户进行了疫病诊断管理。在实际工作过程中，中心人员对疫病诊断流程进行了统筹性分析：

①动物若是自然性感染疫病较长时间，就会在体内形成具有较高滴度的抗体，能借助血清检测对其感染疾病进行有效分析和判定，尤其是对抗体检测呈现阳性的动物。基于此，控制中心工作人员对其进行了病原学检测，不仅落实疫情监督管理策略，也保证了预警管理工作和预防措施的完整程度贴合实际。

②控制中心人员有效对免疫群体进行判定。南宁市动物疫病预防控制中心人员在工作过程中对差异化影响因素进行了分析，发现免疫群体中出现免疫问题不确定的动物，尤其是在动物发病后，利用常规化手段或者是检测抗体不能直观地寻找出问题的症结，无法全面分析免疫弱病毒和自然感染抗体之间的关系，且血清检测分析后抗体结果呈现阳性也不能成为确诊依据。针对上述问题，控制中心工作人员对检测结果进行了进一步分析和处理。利用能区分自然感染的试剂和对猪群血清进行间隔性测定，结合抗体变化的具体幅度和相关参数予以判定，并且，在全面确诊病例后，对相关问题建立了临床症状分析报告，真正建构了贴合南宁市地区实际情况的综合诊断机制，发挥技术项目的优势，提升疫病诊断的结果准确性。

第三，疫苗效果评定。南宁市动物疫病预防控制中心还借助血清学检测对疫苗效果予以分析，在实际管理工作中，中心工作人员发现，常规化的疫苗接种工作尽管能有效预防并且遏制猪群传染病，但是，由于南宁市范围较广，疫病种类不同，需要在治疗过程中采用差异化疫苗，并对不同疫苗厂家进行了免疫程序判定。需要注意的是，在选取差异化疫苗时，也要整合活苗。在疫苗监督管理项目中，要结合疫苗实际品种，积极建立健全系统化的监督管控策略，保证疫苗合理性的同时，对免疫方式和免疫程序予以判定，从而应用血清学检测机制对猪群抗体水平展开深度对比分析，提高免疫整体水平。

总而言之，血清学疫病检测项目在动物疫病防控中具有非常关键的作用，南宁市政府动物防疫部门要在发现问题后制定更加有效的处理措施，结合2017

年实际工作，整合养殖场相关情况，建立科学化分析机制和管控措施，避免误判以及漏诊，一定程度上建构了和谐的养殖环境，优化了猪场养殖环境，提升了总体质量，发挥了疫情预警优势，实现广西南宁养殖产业的可持续发展。

第三章　动物采血技术

第一节　动物静脉采血常见技术问题

本节主要针对动物静脉采血的常见问题展开深入研究，并提出了具体的技术要点，以期为动物静脉采血工作的开展提供有价值的理论依据。

一、动物静脉采血的技术问题解构

第一，对于大中型的家畜，其采血的部位通常毛多且皮厚，血管具有较强的隐蔽性，所以，在对其进行静脉采血的时候，很难准确地找到静脉血管，一定程度上影响了采血工作的速度。

第二，动物在面对陌生人的时候，会产生条件性的紧张与恐惧，而且在实际采血的时候，被采血动物反抗强烈，甚至会出现攻击行为。在这种情况下，操作人员也很难准确地找到静脉血管，导致进针深度不足进而导致采血速度慢，而实际采集的血量不充足。另外，在动物反抗的时候，很容易对操作人员带来严重的伤害。

第三，在进针以后，动物的反抗行为很容易导致发生针头脱落的问题。所以，必须要多次进针，在这种重复进针的情况下，会对采血的针头与针管，包括真空管造成损失，并产生浪费。与此同时，动物血管也会受到损坏，为继续采血带来了很大的难度。

第四，禽类翅内侧的静脉血管以及猪耳的静脉血管相对单薄，而且血管十分细小，在操作的过程中，一旦进针不到位，抑或操作技术不熟练，都会导致血管的破裂，造成大面积皮下瘀血而伤害动物。

第五，在农村环境中，大中型动物的静脉采血通常选择在圈内。因为圈内部的光线相对昏暗，而且环境较差，实际空间不大，对于静脉采血工作的开展产生了不利的影响。

第六，在采集血液样本以后，所放置的时间相对较长，抑或在运送的时候出现了强烈的震动，都会导致采血细胞被破坏，最终出现溶血现象，难以达到静脉采血的目的。

二、动物静脉采血技术要点研究

要想保证采血样品的质量，降低抑或规避其他不良问题的发生，在实践操作的过程中，一定要掌握以下技术要点：

（一）牛羊马等动物静脉采血技术要点

在对牛羊马等大中型动物进行静脉采血的过程中，一般选择颈静脉。在采血之前首先要对动物进行有效保护，对其颈静脉的上 1/3 和中 1/3 交界部位进行剪毛、消毒，随后，左手按压住动物的静脉近心端，使血管充分暴露出来。右手则持采血针，向着血管逆流的方向扎进，而扎入的深度是针头的 2/3。在回血的时候，再把采血针管另外一头插入真空管的内部，将针头固定好。采血3 ~ 5mL 后拔掉针头迅速用干棉球压迫止血、消毒，采血结束。

（二）猪的静脉采血技术要点

在长期实践工作中我们发现，猪静脉采血选择前腔静脉，相对简单、快速。对 40 kg 以下的猪因其犬齿不发达一般采用仰卧保定，一助手抓住其两后肢尽量向后牵引，采血者一手下压猪下颌骨，使其头部贴地，两前肢与体轴垂直，于两侧第一对肋骨与胸骨结合处的凹陷处消毒，用带 9 号针头的一次性注射器由凹陷处稍向胸腔方向刺入，见有回血即可采血。对 40 kg 以上的猪则采用保定绳站立保定，使猪颈部与地面呈 30° 以上的角，并确保其处于安定站立的状态。操作人员需要蹲在猪体的右侧，使用左手触摸其胸骨柄的最高点与第一肋骨间 1 cm 的最凹位置。消毒处理后，用针头偏向气管约15° 方向完成进针动作。在看见回血的时候，就说明已经扎入猪的血管当中。

（三）家禽的静脉采血技术要点

通常情况下，家禽静脉采血的方法包括翅内侧腋下静脉采血与跖骨内侧静脉采血两种。而其他的静脉采血方法，由于技术尚未成熟，很容易导致禽类因出血过多而死亡，所以，使用的次数并不多。

第一，禽类翅内侧静脉采血。该静脉采血的方法经常适用在成年鸡当中，而具体的操作方法就是将鸡保定以后，操作人员使用左手将翅内侧拨开，进而使静脉能够暴露出来，进行消毒处理以后，使用 5 号采血针，顺着血管缓慢地进针。在进到回血的时候，需要回抽针芯，这样就可以采集到禽类血样。

第二，跖骨内侧静脉采血。这种静脉采血的方法通常被应用在鸭群当中。在将鸭子保定以后，操作人员需要针对跖骨静脉采血的部位进行消毒，并手持 5 号采血针，沿和皮肤呈 100° 角的方向缓慢地进针。在看到回血以后，就说明进针是准确的。当完成采血操作以后，必须要对局部进行消毒，在按压 30s 以后可以将其放走。

三、动物静脉采血的注意事项

采血质量与血清样品质量存在直接关联，同时也关乎实验的最终判定结果。所以，在对动物进行静脉采血的时候，需要注意以下几点：

第一，采血的地点一定要选择在地面整洁且干燥的位置，同时，光线要理想，确保环境安静。如果是烈性动物或者是具有明显攻击性的动物，需要缓慢接近，用手触摸动物并示意友好，确保保定工作的确实、有效，以免在静脉采血的过程中对操作人员带来不必要的伤害。

第二，静脉采血的时候，必须要进行仔细消毒，对禽的翅静脉采血后一定要进行充分的压迫止血。最好采用真空管，究其原因，真空管属于全封闭空间，所以，要比注射器更节省时间且安全，最重要的是不会破坏动物的红细胞，可避免出现溶血问题。

第三，在采集血样以后，需要倾斜放置，冷藏运送，而在运送的时候，不允许出现剧烈的震荡。

第四，静脉采血是兽医工作人员必须掌握的技术，而兽医所面对动物种类也很多，所以，必须要做好个人的防护工作，同时对不同动物体表的结构以及采血的部位，甚至是操作要点进行深入了解，进而为动物疫病的检测以及免疫抗体的检测奠定坚实的技术基础。

第二节　畜禽采血技术要点及注意事项

畜禽血液样品的采集是兽医实验室抗体检测与疫病诊断等前提性的工作，采血技术是广大兽医实验室工作者需掌握的一项技能。作者根据多年的工作实践，将畜禽采血的技术要点及注意事项总结如下，以供参考。

一、畜禽采血前的准备

采血前要准备好一次性手套、一次性口罩、防护服、防护帽、长筒胶鞋等个人防护用品，以及动物保定器或保定绳、医用橡胶绳、剪毛刀、75% 酒精棉球、干棉球、一次性注射器（5 mL、10 mL）、离心管、记号笔、采样登记表等物品。

二、畜禽采血的技术要点

（一）牛、羊、马等大型动物的采血技术

采集牛羊马等大型动物的血样有颈静脉采血、耳静脉采血和尾根静脉采血等方法。在日常工作中，由于大型动物的颈静脉较粗、采血易于操作，因此，临床实践中，牛羊马等大型动物的血液样品一般采用颈静脉采集。

由一名助手进行保定，牛、马采用站立式保定法，羊则采用骑式保定法。采血人员在动物一侧颈部的上 1/3 处剪毛、消毒，采血人员在动物颈部可用医用橡胶绳（长 1.5 m 左右）系上一圈、扎紧，在颈静脉充盈、怒张后，采血人员平行于颈静脉向上用针头刺入颈静脉，一般刺入 0.5 ～ 1 cm 可见回血，即可采血。采血完毕后，先拔针头，后用棉球压迫采血处止血，并松开医用橡胶绳，最后解除保定。

（二）猪的采血技术

猪采血常用耳静脉采血和前腔静脉采血两种方法。由于猪前腔静脉采血具有易保定、采血快，且易于止血等优点，故建议采用前腔静脉采血法给猪采血。

15 kg 以下小猪的前腔静脉采血方法：以采用仰卧保定法为宜，需两名助手保定小猪，方法是由一名助手抓握小猪的两后肢，且尽量向后牵引；另一助手一只手抓握小猪的一前肢，另一只手将小猪下颌骨下压，使其头部贴地，并

使两前肢与猪体中线基本垂直，即可见猪的胸前窝（即猪第一对肋骨与胸骨结合处的前侧方所形成的两个明显凹窝）。采血人员站在猪体的一侧，先用酒精棉球消毒猪胸前窝处皮肤，后用一次性注射器在一侧胸前窝由上而下稍偏向中央及胸腔方向刺入针头，一边刺入一边回抽注射器活塞，一般刺入 1.5 cm 左右可见有回血，即可采血。采血完毕，一手拿棉球紧压针孔处，另一手迅速拔出注射器，稍压片刻止血后将猪放回栏舍。

15 kg 以上的中大猪的前腔静脉采血方法：由于中大猪的体重大，不方便采用仰卧保定法，因此一般采用站立式保定。一名助手用保定绳或保定器套住猪的上颌并收紧，用力向前上方牵引，使猪头稍稍抬起，目的是让猪胸前窝充分地暴露出来。采血人员先用酒精棉球消毒待采血侧的胸前窝皮肤，后用一次性注射器朝胸前窝最低处，由下而上且垂直于凹窝方向进针，一般刺入 2.5 cm 左右可见回血，即可采血。采血完毕，用棉球压迫针口并拔出注射器，稍压片刻止血后解除保定。

（三）家禽的采血技术

采集家禽的静脉血样有翅内侧静脉采血、心脏采血等方法。幼禽翅内侧静脉细小，适宜采用心脏采血法；而中大禽的翅内侧静脉比较粗大，肉眼明显可见，一般采用翅内侧静脉采血法采血。

禽翅静脉采血时，采用侧卧保定方法。首先，采血人员用右脚按压住禽的双脚，然后用手将禽的翅膀向后翻，露出腋窝部，并拔掉待采血部位周边的羽毛；接着用左手大拇指沿禽翅静脉方向平行地捏住禽翅内侧，余下四指捏住禽翅外侧，使禽翅充分伸展开来，后用酒精棉球消毒进针部位的皮肤，然后用拇指压迫其静脉近心端，待血管怒张后，右手持注射器，让针头平行于皮肤刺入翅静脉血管，接着放松拇指对近心端的按压，见回血后回抽注射器活塞并缓慢地抽取血液。采血完成后，用棉球压迫针眼并拔出注射器，经止血后再将家禽放回栏舍。

禽心脏采血时，采用仰卧保定方法。首先在胸腔前口（指胸骨的前端与两侧锁骨融合成"V"字形的地方）即将进针部位用酒精棉球消毒，然后一手保定好家禽，一手持注射器，平行于颈椎从胸腔前口插入，如刺入心脏可感觉到心脏的跳动，稍回抽注射器活塞见回血时即可开始采血。采够血量后，拔出针头，再用棉球压迫止血，最后将家禽放回栏舍内。

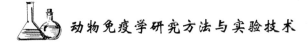

三、畜禽血样的处理、运输与保存

畜禽血样采集完成后，先将注射器的针头取下，再将血液沿着倾斜的离心管内壁注入离心管内，然后用记号笔在离心管外壁写上编号，后将装有血样的离心管放于试管架孔中，并做好登记。随后在安全、阴凉处等血样凝固后再送回实验室离心，途中严禁振荡、摇晃，以免溶血。经离心，血清析出后，用一次性注射器将细管内的血清吸到连盖离心管中，加盖密封，并编号。

分离、密封好的血清应冷冻或冷藏保存。一般情况下，在 24 h 内测定的血清样品可放置于 4℃ 的冰箱中冷藏保存；样品待检时间超过 24 h 的，为了防止腐败变质影响到检测结果，需在 0℃ 以下冷冻保存。

四、畜禽采血的注意事项

在临床工作中，采血质量的好坏直接影响到实验室检测的结果。所以，畜牧兽医工作者为了安全、快速、高质量地采到畜禽的血样，还应注意以下事项。

一是做好采血前的准备工作。采样用的注射器、注射针头等易耗品，按采样数的 1.5～2 倍准备。给牛、马大家畜采血，最好带上 1.5 m 以上的医用橡胶绳（医药公司有售），在采血前将医用橡胶绳在家畜的颈部系上、扎紧，用此方法代替采血人员用手压迫颈静脉，不仅使动物的颈静脉充盈、怒张而充分暴露，还有利于解放采血人员的一只手，缩短采血所用的时间。

二是在保定家畜时，家畜受惊、挣扎，极易导致怀孕母畜流产。因此，在给家畜采血时，最好不要选择已怀孕的母畜，以免造成不必要的经济损失。

三是家畜面对陌生的采血人员，多会出现紧张情绪，从而容易出现受惊攻击人的行为，因此，采血时最好让畜主或者饲养员保定家畜，且让其抚摸动物的脑袋、毛皮，使其安静下来，便于采血人员顺利地完成采血工作。

四是使用保定绳站立式保定大猪时，最好让大猪的臀部倚靠在栏舍的墙体上，一般大猪在无法后退的情况下会自然地安静下来，方便工作人员顺利地完成采血工作。

五是牛、羊、马等大家畜采血部位的毛发往往生长茂盛，不方便采血人员找准静脉血管，因此，在给大家畜采血之前，要做好剪毛工作。

六是在给畜禽采血时应该缓慢回抽注射器的活塞，否则容易引起溶血，而影响实验室检测结果的判定。

七是采用前腔静脉采集大猪血样时，用短针头很难插到静脉血管。因此，给猪采血时，15 kg 以下小猪可用小规格的短针头，15 kg 以上的中大猪建议采用大规格的长针头。

八是在给家禽采血时，小心禽只挣扎而把翅膀弄断或抓伤采血人员的双手，因此要待禽只保定安静下来后，再进行采血。

九是禽只心脏采血极易刺伤嗉囊、肺等组织，甚至刺破心脏，导致出血过多引起禽只死亡。采集家禽血样量不大时，首选建议采用翅内侧静脉采血法。而家禽采用心脏采血最好选在禽只嗉囊空虚时进行，忌抽血过快、止血时间过短。

十是禽只翅内侧静脉采血时，采血人员之所以用左手大拇指沿禽翅静脉方向平行地捏住禽翅内侧，是为了方便在采血完成后拔出针头时，左手大拇指能迅速地移到针口处及时压迫止血，以避免采血部位形成淤血块。

第三节　动物疫病监测中的采血技术

一、猪血的采集

猪的采血方法分为两种，一是前腔静脉采血，二是耳静脉采血。前腔静脉采血可分为仰卧保定和站立保定两种方法。仰卧保定适合于 25 kg 左右的小猪，站立保定适合于 50 kg 以上的大猪。

（一）前腔静脉采血

25 kg 左右小猪采血仰卧保定，前肢向后方拉直。在两前肢与气管交汇处用酒精消毒后进针。小猪用 9 号针头，向后内方与地面呈 60° 角刺入 2～3 cm，刺入血管时可见血进入针管，如未见血液，说明针头没有扎中，此时可上下调整针头，直到针筒中见到血液为止。采血完毕，局部消毒。

50 kg 以上大猪采血用绳做一活套或用鼻捻棒绳套自鼻部下滑，套入猪的上颌犬齿后并勒紧或向一侧捻紧固定。要求尽可能吊得高一点，使猪的头颈与水平面呈 30° 以上的角，这样，既方便采血人员察看采血部位，又可使前腔静脉向外突出。根据经验，对准颈部最低凹处，用针垂直刺入，拉紧针筒活塞，若针头扎中前腔静脉，可见血液自血管流出；如果抽不到血液，说明针头没有

动物免疫学研究方法与实验技术

扎中，可上下移动针头，直到针筒中见到血液为止。

站立保定前腔静脉采血方便实用，且采血量大，对猪只的刺激较小。

（二）耳静脉采血

猪站立或横卧保定或用保定器具保定，耳静脉局部常规消毒，用手指捏压耳根部静脉血管处，使静脉充盈、怒张（或用酒精棉反复涂擦局部以使其充血）。采血者左手把持猪耳，将其托平并使采血部位稍高，右手持连接针头的采血器，沿静脉管，使针头与皮肤呈30°～45°刺入皮肤及血管内，轻轻回抽针芯，如有回血即证明已刺入血管，将针管放平并沿血管稍向前伸入后，抽取血液。

有条件的最好用真空采血器，因为进行耳静脉采血时注射器常因猪只摇头晃动而掉落，而真空采血器的针头与采集管分离，不易脱落。

二、鸡血的采集

鸡血采集主要分为翅静脉采血和心脏采血。采血量少时可采用翅静脉采血，采血量大时，可考虑心脏采血。心脏采血难度较大，做免疫抗体检测和病原学检测时采用翅静脉采血已足够。

（一）翅静脉采血

鸡侧卧保定，展开翅膀，露出腋窝部，在翅静脉处消毒。拇指压迫近心端，待血管怒张后，将装有细针头的注射器平行刺入静脉，随后放松近心端的按压，缓慢抽取血液。采血完毕后及时压迫止血，避免形成瘀血肿。

（二）心脏采血

助手抓住鸡的两翅及两腿，右侧卧保定，采血者在胸骨前端，两侧锁骨融合成"V"字形的地方（用拇指按压，可感觉到一凹陷处）拔毛消毒。于此处垂直或稍向前方刺入2～3 cm，回抽见血时，把针芯向外拉，使血液流入采血针。一般一次可采集10～20 mL。

若调整几次后仍不见回血，可抽出针头，在这一部位附近重新垂直刺入，切不可在鸡胸腔内任意乱刺。

心脏采血应在嗉囊空虚时进行。顺着心脏的跳动频率抽取血液，忌抽血过快，防止休克。

三、牛羊血的采集

牛、羊一般采用颈静脉采血，其方法基本一致。

保定好动物，使其头部前伸并稍偏向对侧，对颈静脉局部进行剪毛、消毒，看清颈静脉后，采血者左手拇指在采血部位稍下方（近心端）压迫静脉血管，使之充盈、怒张，右手持采血针头沿颈静脉沟、与皮肤呈45°迅速刺入皮肤及血管内，如见回血，证明已刺入。使针头后端靠近皮肤，减小其间的角度，近似平行地将针头再伸入1～2 cm，放开压迫脉管的左手，采集血液。采完后，以干棉球压迫局部并拔出针头，再以5%碘酊进行局部消毒。

颈静脉采血完毕后，应做好止血工作，即用酒精棉球压迫止血，防止血流过多。酒精棉球压迫前要挤净酒精，防止酒精刺激引起流血过多。牛的皮肤较厚，颈静脉采血时应用力瞬时刺入，见有血液流出后，将针头送入采血管中，即可流出血液。

牛尾静脉采血时将牛尾巴向上翻起，右手用9号注射器向尾部两脊间（毛密集区，呈黑色）刺去，如遇阻力，可进退针头，一般可一针见血。此法操作简便、快速，安全性高，省力。此方法比颈静脉采血方便。

四、鸭鹅血的采集

翅静脉采血。首先侧卧保定鸭鹅，展开翅膀，露出腋窝部，拔掉羽毛，在翅下静脉处消毒。随后，拇指压迫近心端，待血管怒张后，将装有细针头的注射器平行刺入静脉，放松对近心端的按压，缓慢抽取血液。采血完毕及时压迫止血，避免形成瘀血肿。

趾静脉采血。鸭鹅仰卧保定，两手将鸭的两脚固定，使趾部不动。采血者先用酒精对鸭趾部皮肤进行消毒，按压血管上部，使血管充盈暴露，然后用2mL的一次性注射器从血管一侧插针后慢慢采血。采血完毕及时压迫止血，同时消毒，以防伤口感染。

鸭鹅趾静脉采血相比翅静脉采血更为方便。鸭鹅绒毛较多，翅静脉不易分辨，而趾静脉相对容易辨别，操作起来也方便。

五、采血后的注意事项

采血后，取下注射器的针头，缓慢将血液推进离心管内，然后将离心管倾斜放置，待血凝固后再放进采样盒。

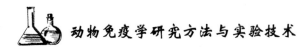

如无离心管，可以把血液放在注射器内，抽动活塞，让血液成斜面，待析出血清后，再放进采样盒。采集的血液未凝固前，禁止晃动，以防溶血。血液凝固后应尽快送实验室检验，离心后立即检测或冷冻保存。

第四节　常见动物的实用采血方法

采血成为基层畜牧兽医工作人员一项基础性的技术工作，本书对几种常见动物的采血方法进行了总结，为临床兽医实践提供一定的参考。

畜牧业向集约化、规模化发展，畜禽疫病也多样化发展，很多疫病仅凭肉眼和经验很难做出诊断，实施日常疫病监测和免疫抗体监测，从而为疫病的预防、控制、净化提供技术支持，必须进行血清学检测。随着畜牧兽医体制的完善，开展动物疫病和免疫抗体检测成为各级动物疫病预防控制中心的日常工作，作为基层畜牧兽医工作人员经常采血来进行疫病、抗体水平检测和血液寄生虫的检查等。因此采血技术成为基层畜牧兽医工作人员一项基础性的技术。

一、采血器械

选用兽用一次性采血器（5mL）或医用一次性注射器（5mL）、药棉、酒精或碘酒、保定绳。

二、采血方法

（一）猪的采血方法

猪的采血较实用的是前腔静脉采血，猪的前腔静脉为引导头、颈、前肢和大部分胸腔的血液注入右心房的静脉干，在胸腔前门由左、右颈静脉和左、右腋静脉汇合而成。采血部位就在第一肋骨与胸骨柄结合处的前侧方呈两个明显的凹陷窝。由于左侧靠近膈神经，故多于右侧凹陷窝进行采血。采血针头刺入方向呈近似垂直并稍向中央及胸腔方向，刺入深度依猪体大小而定，一般 2～6 cm。

1. 仔猪和小猪的采血

一般指 30 kg 以下的猪，采取仰卧保定方式。一助手抓握两后肢，尽量向后牵扯引，另一助手用手将下颌骨下压，使头部贴地，并使两前肢与体中线基本垂直。此时，两侧第一对肋骨与胸骨结合处的前侧方呈两个明显的凹陷窝。消毒皮肤后，采血人员持装有 9 号针头的一次性注射器（10 ～ 30 kg 小猪，选择 9 mm × 25 mm 针头；10 kg 以下乳猪，选择 9 mm × 20 mm 针头），在右侧凹陷窝处，由上而下，稍偏向中央及胸腔方向刺入，见有回血，即可采血，一般 3 ～ 4 mL，采血完毕，左手拿酒精棉球紧压针孔处，右手迅速拔出采血针管，为防止出血，应压迫片刻，并涂擦碘酒消毒。

2. 中大猪及成年母猪的采血

中大猪及成年母猪采用站立式保定方法。饲养员用保定绳在猪前方将其上颌骨吊起，向前方用力，以猪前肢刚刚着地不能踏地为准，并充分暴露两侧胸前窝为度。要求尽可能吊得高一点，使猪的头颈与水平面呈 30° 以上夹角。这样，既方便采血人员察看采血部位，又使前腔静脉向外突出，静脉血充胀。保定完成后用 70% 酒精棉球消毒进针部位（左或右胸前窝均可，但一般是右胸前窝进针较好），采血者手持一次性注射器（成年猪选用 16 mm × 50 mm 针头；30 kg 以上的中大猪，宜选用 12 mm × 38 mm 针头），朝右侧胸前窝最低且垂直凹底部方向进针，直至前腔静脉血液呈直线状射入注射器，一般 5 mL 即可。取出采血针，用酒精棉球消毒进针部位按压止血后，解除保定。

（二）羊的采血方法

常采用颈静脉采血方法，也可在前后肢皮下静脉取血。颈静脉粗大，容易抽取，而且取血量较多，一般一次可抽取 50 ～ 100 mL。将羊蹄捆缚，按倒在地，由助手用双手握住羊下颌，向上固定住头部。在颈部一侧外缘剪毛约 6 cm 范围，碘酒、酒精消毒。用左手拇指按压颈静脉，使之怒张，右手取连有粗针头的注射器沿静脉一侧以 30° 倾斜由头端向心方向刺入血管，然后缓缓抽血至所需量。取血完毕，拔出针头，采血部位以酒精棉球压迫片刻。

（三）牛的采血方法

常用尾静脉采血方法。助手将牛牵好，采血者左手托起牛尾巴，在肛门上方、距尾根 5 ～ 20 cm 处，中央进针采血即可。初学者可在尾部稍向上些的位置采血，尾部上方肌肉少，中央有明显下陷的沟，熟练后靠近尾根采血。右手对采血部位消毒后，持带有 9 号针头的一次性注射器，右手食指控制针头深度，由下向上垂直刺入牛尾腹侧中心线位置 0.5 ～ 1 cm，不宜太深，见有回血即可抽血，一般采用 5 mL 即可，拔出采血针，用酒精棉球压一下针孔防止出血。实践中较常见的方法还有颈静脉采血，采取站立保定，方法同羊的颈静脉采血。

（四）鸡、鸽、鸭的采血方法

1. 心脏采血

心脏采血注意要点：①要迅速而直接插入心脏，否则，心脏将从针尖移开；②如第一次没刺准，将针头抽出重刺，不要在心脏周围乱探，以免损伤心脏、肺脏；③要缓慢而稳定地抽吸，否则太多的真空反而使心脏塌陷；④心脏采血时所用的针头应细长些，以免发生采血后穿刺孔出血。

心脏采血多用于 30 日龄以下的雏鸡，助手将鸡仰卧固定，并使鸡颈部及两腿伸展。采血者用手摸到胸骨的前端，两侧锁骨融合成"V"字形的地方（鸭、鹅两锁骨的联合处较圆），将该部羽毛拔去、消毒。穿刺时，使该部皮肤紧张，避开嗉囊，针头垂直向下刺入，然后将角度略减小，继续斜向胸腔深部刺入，但要保持针尖向胸腔中线，不宜偏斜，直至刺入心房，即可缓慢抽取血液。

2. 翼根静脉采血

鸡和鸽常采用的取血方法是从其翼根静脉取血。如需抽取血时，可将动物翅膀展开，露出腋窝，将羽毛拔去，即可见到明显的翼根静脉，此静脉是由翼根进入腋窝的一条较粗静脉。用碘酒、酒精消毒皮肤。抽血时用左手拇指、食指压迫此静脉向心端，血管即怒张。右手取连有 5 号针头的注射器，针头由翼根向翅膀方向沿静脉平行刺入血管内，即可抽血，一般 1 只成年动物可抽取 10 ～ 20 mL 血液。

（五）犬、猫采血方法

后肢外侧小隐静脉在后肢胫部下 1/3 的外侧浅表的皮下，由前侧方向后行走。抽血前，将犬固定在犬架上或使犬侧卧，由助手将犬固定好。将抽血部位的毛剪去，碘酒或酒精消毒皮肤。采血者左手拇指和食指握紧剪毛区上部，使下肢静脉充盈，右手用连有 6 号或 7 号针头的消毒器迅速穿刺入静脉，左手放松将针固定，以适当速度抽血（以无气泡为宜）。或将胶皮带绑在犬股部，或由助手握紧股部，若仅需少量血液，可以不用注射器抽取，只需用针头直接刺入静脉，待血从针孔自然滴出，放入盛器或作涂片。采集前肢内侧皮下的头静脉血时，操作方法基本与上述方法相同。1 只犬采 10 ～ 20 mL 血并不困难。

（六）兔的采血方法

1. 耳缘静脉采血

将兔放入仅露出头部及两耳的固定盒中，或由助手以手扶住。选耳静脉清晰的耳朵，将耳静脉部位的毛拔去，用75%酒精局部消毒，待干。用手指轻轻摩擦兔耳，使静脉扩张，用连有5号或6号针头的注射器在耳缘静脉末端刺破血管待血液漏出取血或将针头逆血流方向刺入耳缘静脉取血，取血完毕用棉球压迫止血，此种采血法一次可采血5～10 mL。本法为兔最常用的采血方法，可多次重复使用。

2. 耳中央动脉采血

将兔置于兔固定筒内，在兔耳的中央有一条较粗、颜色较鲜红的中央动脉，用左手固定兔耳，右手取连有5号或6号针头的注射器，在中央动脉的末端，沿着动脉平行地向心方向刺入动脉，即可见动脉血进入针筒，取血完毕后注意止血。此法一次抽血可达15 mL。但抽血时应注意，由于兔耳中央动脉容易发生痉挛性收缩，因此抽血前，必须先让兔耳充分充血，在动脉扩张，未发生痉挛性收缩之前立即进行抽血，若注射针刺入后尚未抽血，血管已发生痉挛性收缩，应将针头放在血管内固定不动，待痉挛消失血管舒张后再抽。针刺部位从中央动脉末端开始。不要在近耳根部取血，因耳根部软组织厚，血管位置略深，易刺透血管造成皮下出血。

3. 心脏采血

将家兔仰卧固定，在左侧胸部心脏部位去毛、消毒，在第3肋间胸骨左缘3 mm处选心跳最明显的部位注射针垂直刺入心脏，血液随即进入针管。

三、血清分离

采集的动物血液应及早分离出血清，分离血清通常室温自然凝固，或置37℃温箱1～2 h，然后放4℃冰箱过夜，待血块收缩后分离血清。血液采集后，待凝固后再分离血清，往往需要半小时以上，如果紧急检查为临床提供检验结果，可以采用快速分离血清的方法。采血后立即慢速离心5 min（1 000～1 500 r/min），然后取出用细玻棒或牙签沿管壁将上层剥离一下，再中速离心3 min（2 000～3 000 r/min），即可快速分离出血清。

四、采血时的注意事项

采血时的注意事项：①采血人员要掌握采血技巧，严格按有关消毒防疫等规定，进行无菌操作；②采血时地点要安全，采血场所有充足的光线；室温夏季最好保持在 25 ～ 28℃，冬季以 15 ～ 20℃为宜；③采血用具和采血部位一般需要进行消毒；④采血用的注射器和试管必须保持清洁干燥；⑤若需抗凝全血，在注射器或试管内需预先加入抗凝剂；⑥采血时应认真填写动物疫病监测采样单，详细填写动物的年龄、品种、样品数量、免疫情况等。

股动脉采血法为采取犬动脉血最常用的方法，操作也较简便。将犬卧位固定，伸展后肢并向外伸直，暴露腹肥肉沟三角动脉搏动的部位，剪去毛，用碘酒消毒。左手中指、食指探摸股动脉跳动部位，并固定好血管，右手取连有 5 号针头的注射器，针头由动脉跳动处直接刺入血管，若刺入动脉一般可见鲜红血液流入注射器，有时还需微微转动一下针头或上下移动一下针头，方见鲜血流入。有时，往往刺入静脉，必须重抽。待抽血完毕，迅速拔出针头，用干药棉压迫止血 2 ～ 3 min。

猪前腔静脉采血优于耳静脉采血，操作方便实用，且采血量大，对猪应激较小。牛尾静脉采血优于颈静脉采血，牛不需要保定，工作效率高，且用一次性注射器采血无污染。猪前腔静脉采血、牛尾静脉采血具有较高的实用性，因此应普遍推广。其他常见动物的采血方法应根据采血者的技巧掌握程度选择采用不同的方法。

第四章 动物剖检技术

第一节 动物尸体剖检技术在兽医诊治中的作用

动物尸体剖检技术是运用病理解剖学的知识，通过检查尸体的病理变化，获得诊断疾病的依据。通过病理剖检可以为进一步诊断和研究提供方向，它具有方便快速、直接客观等特点，有的疾病通过病理剖检，根据典型病变，便可确诊。尸体剖检还常被用来验证诊断与治疗的正确性，尸体剖检对动物疾病的诊断意义重大。即使在兽医技术和基础理论快速发展的现代，仍没有任何手段能取代动物尸体剖检诊断技术所起的作用。

一、及时发现和确诊某些疾病，为防治措施提供依据

兽医病理解剖学是一门形态学科，通过尸体剖检肉眼观察和显微镜观察等方法，识别疾病时机体组织、器官和细胞形态，通过对典型示病特征病变的研究，明确疾病的种类。因为各种组织、器官是动物代谢、机能改变以及临床症状和体征的物质基础，形态结构和代谢机能存在内在联系。器官组织和细胞的形态结构是其代谢和机能的基础，而后者的改变又能反过来促使形态结构发生改变。不同疾病可以造成不同的组织器官损伤，出现不同的病变；有些病原微生物对特定的组织、细胞具有亲嗜性，在一定的部位细胞内存活，损伤一定部位的组织细胞，导致出现一定的特征性病变。例如：鸡患传染性囊病时，出现腔上囊黏膜出血，胸肌、腿肌等出现毛刷样出血、排黄白色粪便。又如：鸡大肠杆菌的"三炎"；鸡内脏痛风的尿酸盐沉积；鸡肾型传支的"花斑肾"；鸡球虫病的肠道出血；猪瘟的出血性变化；猪磺胺类药物中毒在肾脏处结晶、羊产气荚

膜梭菌的"软肾病"等病理变化，通过这些典型的病理变化可以确诊动物疾病。

病理剖检诊断具有很强的直观性和实践性，同时也由于诊断快速、便于技术掌握、不受场所限制，器材简单易于开展工作，成为兽医诊断的主要手段。通过对疾病的快速确诊，为疾病的防治提供依据。

二、为动物疾病的诊断和研究提供方向

动物疾病的种类很多，发生疾病时往往首先要进行流行病学调查、临床症状观察、病理剖检 3 项工作，初步估计疾病的种类，大体研究的方向。其中前两项工作受多种限制因素影响往往不能快速、正确地做出判断，还需进行病理剖检观察病理变化，进行初步诊断。当出现典型病理变化即可确诊。如果没有示病特征病变，可以根据所见的病变，提出可能引起出现这些病变的疾病种类，排除其他疾病因素，缩小疾病原因的范围，为选取合适的实验室检测手段、进行确诊和进一步的研究提供大致方向。

三、检验和验证动物疾病临床诊断和治疗准确性，对于兽医诊治技术的提高作用巨大

当前兽医诊断仪器、手段相对来说比较单一，诊断技术水平低，特别是对传染病以外的疫病诊断技术，缺少辅助的实验室检测技术，以上原因自然导致对动物疾病错误诊断。北京市兽医实验诊断所承担北京地区动物医疗纠纷技术仲裁工作，通过 5 年来的工作来看，目前兽医临床诊断结果与死后剖检诊断结果有很大的差别。即使在人医方面情况也是如此。据人医文献报道：美国病理学家协会于 1995 年召开第 29 次尸检专题讨论会，大会报告的临床与病理诊断符合率在 75% ～ 80%。我国在 20 世纪 80 年代由北京医科大学、上海医科大学、北京医院和中国人民解放军第四军医大学等分别总结报告的尸检资料中，尸检诊断与临床第一诊断不符者占 20% ～ 50%。

当前，许多动物疫病进行了疫苗免疫，动物免疫后会对实验室的检测结果造成一定的影响。特别是隐性感染不发病的现象，即使病原微生物存在，但是不能造成组织器官损伤，发生疾病。例如：在一个动物体内可能检测到多种病原，只有通过观察病变特征才能确定真正的疾病原因。

通过动物尸体剖检可以使临床遇到的病例在死后得到最终确诊，从中取得的经验是不能从书本中获得的，对提高临床医疗水平无疑是任何先进的手段都

取代不了的。尸检也有助于医学流行病学、诊断技术、治疗技术的发展。尸体剖检技术也是动物疾病防治人员技术提高不可缺少的手段，一名技术全面、能够解决疾病控制生产难题的兽医工作者，必定经过尸检的良好训练，才可以分析和解决畜牧生产中遇到的动物疾病问题。

四、尸体剖检是发现新的动物疫病的重要手段

在医学科学技术快速发展的现代，尸体剖检仍然是发现新疾病的主要手段。新型疾病发生时往往没有成型的诊断试剂、诊断方法。往往是根据流行病学特点、出现的临床症状，如 SARS 疾病，最开始我们不知道病原的种类，但是发现它有不同于其他疾病的病理变化，发现这是一种新型疾病。如鸡的传染性囊病，开始人们不知这是什么疾病，但是发现腔上囊的肿大、出血等不同变化，确定是一种新型疾病。根据 1996 年的文献统计：自 1950 年以来，通过尸检新发现的疾病变化包括了十大类别的 87 种，其中包括了病毒性肝炎和艾滋病。因此，病理诊断（包含尸检诊断）是发现新型疾病的重要手段。

五、为动物医疗纠纷医学鉴定提供技术支持

伴随人们饲养宠物数量的增加、兽医知识的普及、广大群众维权意识的提高、诊断技术水平相对落后等，动物诊疗纠纷事件明显增多。尸体剖检在医疗纠纷鉴定中作用巨大，通过对死亡动物的剖检，在涉及动物已经死亡的医疗纠纷中，争论焦点往往是动物死亡与诊断和各项医护措施，可能存在的差错或事故是否有关。因此，解决这类纠纷的核心问题是死亡原因及是否与诊疗相关。尸检鉴定的主要的目的就是进行死因鉴定。要查明原因，就必须以全面系统的病理学剖检和相关的辅助检验结果为基础，再结合临床医学和调查研究的证据综合分析。死因的确定能为澄清事实、判断是否为医疗事故提供证据。

通过病理诊断技术可以判明死因；给医学技术鉴定和司法裁决提供直接的证据；为医务人员诊疗护理实践提供反馈，总结经验教训，有利于提高医疗质量、诊疗水平，从而达到明确诊断，分清是非的目的。因此，高质量的病理学检验鉴定是科学、公正处理医疗纠纷的保障。

总之，兽医病理剖检诊断技术在疾病诊断、医疗纠纷技术鉴定、科学研究等方面具有特殊的不可取代的作用。通过尸体剖检能够发现疾病原委，证实病变所在，找出诊疗中的经验教训，从而丰富临床医师的经验，提高动物疾病防

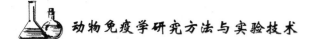

治水平。近年来，兽医行业对剖检的病理技术认识不足，许多人不喜欢从事病理剖检工作，使病理剖检开展不够全面，缺乏具有高深经验的病理剖检人员，希望能够引起相关部门的关注，保证病理诊断技术工作稳步发展。

第二节 动物尸体剖检寄生虫的操作规程

对动物生前诊断有时会忽视一些严重或致死性的寄生虫病。例如，患急性钩虫病的幼犬在排出虫卵之前就可能失血致死。当羊群暴发疾病时，剖检几只病羊常是最为经济有效的手段。绵羊感染圆线虫时，各种原发和继发的病原往往会产生令人混淆的临床症状，此时，可以通过蠕虫鉴定和计数的方法来解决这一问题。

剖检结果必须与病史和临床症状相结合才能做出确诊，寄生虫病的诊断更是如此。例如，对于急性血矛线虫病的诊断，不仅要依据在皱胃中发现大量的捻转血矛线虫，而且要有临床贫血的症状。如果没有贫血，就不应该诊断为血矛线虫病。事实上，捻转血矛线虫有时会放弃一个濒死的宿主，因此，在剖检时发现组织苍白和水肿，但未发现虫体，正确的诊断仍然可能是血矛线虫病。

一、剖开尸体

将反刍动物尸体左侧向下平置，以方便取出瘤胃。其他动物的尸体同样可以从容易着手的任何一侧进行操作。但是，应该采取一个固定的位置，这样就会了解各种器官的位置和正常形态，以便快速注意到任何异常。沿颌下间隙到会阴的中线切开皮肤，从一侧剥离皮肤，包括与其相连的表面胸肌和上肢，从而暴露胸廓。切除中轴肌肉周围的肋骨和胸骨附近的肋软骨。在这个过程中，割断与膈膜相连的附件，去除肋架。沿着正中线切开腹壁，小心操作避免刺破内脏。将切口扩大到耻骨边缘并剥离翻开腹壁。劈开耻骨联合或切断髋关节的韧带，并剥离翻转下肢。

二、胸部内脏

切开下颌间肌、舌骨和其他附件，剖开舌、吸头、气管及食管。拉出气管和食管，这样有助于取出心脏和肺脏。找到附件（大动脉、腔静脉、奇静脉及各种韧带）的连接处并切断，取出胸腔中的内脏。切开气管、支气管及细支气管、心房和心室、大动脉、腔静脉、肺主动脉及小动脉，仔细检查内容物和内壁，肉眼检查是否有寄生虫。实际上，对于非常小的后圆线虫肉眼很难看到，如毛细缪勒线虫、深奥猫圆线虫和贺氏类丝虫等。但可以通过对虫体引起的浅灰色胸膜下结节的压片检查来发现虫体。贝尔曼法常用于检查肺线虫幼虫（如缪勒属和猫圆属），但由于贺氏类丝虫的幼虫极不活跃，采用贝尔曼法分离难以从组织中自行游出，因此该方法不适宜检测贺氏类丝虫。

三、腹腔内脏

在腹膜上可检查囊尾蚴、四盘蚴、舌形虫包囊和棘头虫童虫。在马腹膜壁层下缘通常可发现无齿圆线虫幼虫。检查肝脏表面是否有蛔虫、带科绦虫和片形属吸虫幼虫移行的痕迹，检查肾脏是否有弓蛔属幼虫包囊。马的胰腺是马圆线虫幼虫的嗜好部位。在贲门、幽门、回盲连接处做双结扎以隔离胃、大肠和小肠。这些区域可为一些特殊寄生虫提供不同的寄生环境，将全部肠道内容物混合收集会失去有价值的诊断信息。每次剖开一个部位，仔细拨开食物并检查黏膜确保小型虫体不会漏检。肉眼足以看到犬、猫、马、猪的大部分寄生虫，但有少数重要虫种形态纤细（如类圆属和毛形属），刮取小肠黏膜并检查刮取物中的小型线虫、球虫及其类似物等。

寄生于反刍动物的大部分线虫是比较小的，因此必须仔细检查以免漏检。足以致死小母牛的寄生虫种群也许会被粗心的剖检人员完全疏忽。下面的技术可实现从大部分食物和黏膜碎片中浓集和分离蠕虫的目的，稍加努力，即可对寄生蠕虫的数量进行估计。①将某一器官的所有内容物（皱胃内容物易于取出，先从皱胃开始）转移至一个桶中，并擦洗或轻轻刮去黏膜以确保蠕虫完全转移。②加入几千毫升温水，与内容物混匀后静置 5 min，使蠕虫和一些密度较大的内容物沉降至底部，然后小心地倒去上清液。重复操作几次，直至底部沉淀物主要为蠕虫和一些粗渣。③将少量沉淀物转移至培养皿中，用透射光检查，最好用放大镜和体视显微镜观察。如果是从刚死亡不久的动物尸体内获得的蠕虫，虫体在温水中非常活跃，很容易发现，将虫体用镊子轻轻地取出以便进一步检查。

小肠虽然很长，但采用此方法只用较短时间就可完成。可用 1 L 水灌洗反刍动物小肠前 6 m 肠段，即可收集多数重要的寄生线虫。在 6 m 未剖开的小肠幽门端插入一个漏斗，灌一烧杯水进去，沿着肠管揉捏，从另一端收集内容物，然后按照步骤②和③进行操作。步骤②常用的替代方法是用筛子剧烈冲洗沉淀，筛孔要小到足以留住虫体，但大到足以滤下水和细小碎片。翻转筛子，从背面冲洗使虫体和粗渣转移到收集容器中。如果时间不够或检查沉淀的仪器缺乏，可将沉淀保存在10%的福尔马林溶液中以备之后检查。在试图分离和检查寄生虫之前，要确保将保存的沉淀物再次筛洗以去除福尔马林溶液。

第三节　大动物寄生虫学剖检技术

通过对大动物的剖检，发现并采集病变和寄生虫虫体，对大动物寄生虫病的预防和治疗有着非常重要的作用。本书对大动物寄生虫学剖检技术做简要介绍。

一、宰杀与剥皮

放血宰杀动物。放血时应采血涂片备检。

剥皮前检查体表、眼睑和创伤等，发现体外寄生虫随时采集，遇有皮肤可疑病变则刮取材料备检。剥皮时应注意检查各部皮下组织，发现并采集病变和虫体。剥皮后切开四肢的关节腔，吸取滑液立即检查；切开浅表淋巴结进行观察，或切取小块备检。

二、采取脏器

（一）腹腔脏器

切开腹腔后注意观察内脏器官的位置和特殊病变，吸取腹腔液体，用生理盐水稀释以防凝固，随后用实体显微镜检查，或沉淀后检查沉淀物。脏器采出方法是在结扎食管末端和直肠后，切开食管、各部韧带、肠系膜根和直肠末端后一次采出肾脏。最后收集腹腔内的血液混合物备检。盆腔脏器也以同样方式全部取出。

（二）胸腔脏器

打开胸腔以后，观察脏器的自然位置和状态后，将胸腔脏器连同食管和气管全部摘出。再收集胸腔内的液体备检。

三、脏器检查

（一）食管

沿纵轴剪开，仔细观察浆膜和黏膜表层。刮取食道黏膜夹于两载玻片之间，用放大镜或实体显微镜检查，当发现虫体时揭开载片，用分离针将虫体挑出。

（二）胃

剪开后将内容物倒入大盆内，挑出较大的虫体，然后洗净胃壁，并加足生理盐水搅拌均匀，使之自然沉淀。将胃壁平铺在搪瓷盘内，观察黏膜上是否有虫体；将黏膜表层刮下物浸入生理盐水中自然沉淀。以上两种材料都应在沉淀若干时间后，倒出上层液，再加生理盐水，重新静置，如此反复沉淀，直到上层液透明无色为止。然后每次取一定量的沉淀物，放在培养皿或黑色浅盘内观察，取出虫体。刮下的黏膜还应压片镜检。反刍动物应把前胃和皱胃分别处理。瘤胃应注意检查胃壁。

（三）小肠

小肠分离以后放在大盆内，由一端灌入清水，使肠内容物随水流出，挑出大型虫体（如绦虫等）。肠内容物用生理盐水反复沉淀，检查沉淀物。肠壁用玻璃棒翻转，在水中洗下黏液，反复水洗沉淀。最后刮取黏膜表层，压薄镜检。肠内容物和黏液在水洗沉淀过程中会出现上浮物，其中也含有虫体，所以在换水时应收集后单独检查。羊的小肠前部线虫数量较多，可单独处理。

（四）大肠

分离后在肠系膜附着部沿纵轴剪开，倾出内容物。内容物和肠壁按小肠的方法处理。羊大肠后部自形成粪球处起剪开肠壁，挑取其表面及肠壁上的虫体。

（五）肠系膜

分离以后将肠系膜淋巴结剖开，切成小片压薄镜检。然后提起肠系膜，迎着光线检查血管内有无虫体。最后在生理盐水内剪开肠系膜血管，对冲洗物进行反复水洗，水洗沉淀后检查沉淀物。

（六）肝脏

分离胆囊，把胆汁挤入烧杯中，用生理盐水稀释，待自然沉淀后检查沉淀物。将胆囊黏膜刮下物压片镜检。沿胆管将肝脏剪开检查，然后将肝脏撕成小块，用手挤压后捞出弃掉，反复水洗沉淀后检查沉淀物。也可用幼虫分离法对撕碎组织中的虫体进行分离。

（七）胰脏

同肝脏。

（八）肺脏

沿气管、支气管剪开检查。用载玻片刮取黏液，用水稀释后镜检。将肺组织撕成小块按肝脏检查法处理。

（九）脾和肾脏

检查表面后，切开进行眼观检查，然后压片镜检。

（十）膀胱

方法与胆囊相同，并按检查肠系膜的方法检查输尿管。

（十一）生殖器官

检查其内腔，并刮取黏膜压片镜检。

（十二）脑和脊髓

眼观检查后，切成薄片压片镜检。

（十三）眼

将眼睑黏膜及结膜在水中刮取表层，沉淀后检查。剖开眼球将眼房液收集在培养皿内镜检。

（十四）鼻腔及额窦

先沿两侧鼻翼和内眼角连线切开，再沿两眼内眼角连线锯开检查，然后在水中冲洗，检查沉淀物。

（十五）心脏及大血管

剪开后观察内膜，再将内容物洗入水中，沉淀后检查。将心肌切成薄片压片镜检。

（十六）肌肉

切开咬肌、腰肌和臀肌检查囊尾蚴。采取膈肌脚检查旋毛虫。采取猪膈肌和牛、羊食道等肌肉检查住肉孢子虫。

四、收集虫体

在经反复水洗沉淀的沉淀物中发现虫体后，用分离针挑出，放入盛有生理盐水的广口瓶中等待固定，同时用铅笔在一小纸片上写清动物种类、性别、年龄和虫体寄生部位后投入其中。同一器官或部位收集的所有虫体应放入同一广口瓶中。寄生于肺部的线虫应在略为洗净后尽快投入固定液中，否则虫体易于破裂。

当遇到绦虫以头部附着于肠壁时，切勿用力猛拉，应将此段肠管连同虫体剪下浸入清水中，5～6 h 虫体会自行脱落，体节也会自然伸直。

为了检查沉渣中小而纤细的虫体，可在沉渣中滴加浓碘液，使粪渣和虫体均染成棕黄色，然后用 5% 硫代硫酸钠溶液脱去其他物质的颜色。如果器官内容物中的虫体很多，短时间内不能挑取完时，可在沉淀物中加入 3% 的福尔马林保存。

第四节　动物蠕虫病的剖检诊断

一、主要致病蠕虫种类

蠕虫为多细胞无脊椎动物，借助身体体壁的肌肉收缩作蠕形运动，故通称为蠕虫。蠕虫按动物学分类方法主要分 3 种。线形动物门：蛔虫、蛲虫、钩虫、鞭虫、丝虫、旋毛虫。扁形动物门：肝吸虫、肺吸虫、血吸虫、猪带绦虫和牛带绦虫。棘头动物门：猪巨吻棘头虫。

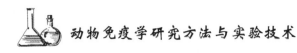

二、蠕虫病的诊断

蠕虫病的诊断与其他疾病的诊断有所不同，因为蠕虫病的症状与若干非蠕虫病的症状类似，缺乏特异性，很难截然区别开来。完全依据临床症状往往不易得出正确结果。另外，为了诊断蠕虫幼虫所引起的家畜疾病，如棘球蚴病、囊尾蚴病、旋毛虫病等，还需要采用免疫诊断法，但此类检查方法尚有一定的缺点，故应用并不广泛。

三、蠕虫病剖检诊断的意义

蠕虫病的死后剖检诊断及屠宰剖检诊断是最容易获得正确结果的方法，应用全身性蠕虫学剖检法可发现动物组织或器官中寄生的蠕虫，可以查明生前诊断法所不能查出的病原体，做到病原虫的计数及种类鉴别，为制定防制蠕虫病的综合措施提供可靠的基础材料。

四、剖检法

首先将动物的皮剥下，主要检查皮下组织后，再摘除各个系统的器官，注意不要破坏它们彼此间的连带关系。分别剥离并摘除由口腔到肛门的全部消化器官、呼吸器官、泌尿器官、生殖器官、心脏以及最粗的大动脉和静脉血管等，再仔细检查胸腔和腹腔，并取其中液体，分置于盘中供检查。剥出脑和脊髓。检查眼结膜腔的内容物并剖取眼睛。解剖检查关节滑液囊，剖检额窦、鼻腔等及其内容物。刮取鼻道黏膜物备查。检查唇、颊和舌部黏膜。取下膈肌，供检查旋毛虫病。下一步分别剖检各系统各器官。

（一）消化器官

将食道、胃、小肠、大肠、盲肠以及肝脏和胰脏等分别结扎剥离，并分别置于盘内或桶中。

1. 食道

用肠剪将整个食道剖开，仔细检查黏膜和浆膜。如发现有肿胀或脓肿时，可专门检查。接着以解剖刀或载玻片刮取食道上的黏液，分批涂布于两块玻片间，压薄至透明以后，用扩大镜或低倍显微镜检查。如发现蠕虫时，小心取下上面玻片，用毛笔或标本针将虫体挑出。

2. 胃

沿胃的大弯剖开，将内容物放入玻璃缸，用水洗涤胃壁，洗涤液和胃内容物放在一起；自黏膜上刮取黏液，压于两玻片间，用扩大镜或低倍显微镜检查。胃内容物加水稀释，用玻璃棒搅拌，静置沉淀后，倒去上层液体，注意不要使寄生虫浮出；再加水稀释，搅拌，静置，沉淀后倒去上层液体，将沉淀物分批移于浅盘中检查，并放入平皿中，用低倍显微镜检查。

3. 肠道

对小肠、大肠和盲肠须分别进行检查；先沿肠系膜附着部分将肠管分离下来，再用连续洗涤法处理每一部分的肠内容物，然后进行检查；并分别刮取各部分肠黏膜上的黏液做压片检查。

4. 肝脏

先将胆囊剥离，另放入一单独大平皿中，做专门解剖，并用连续洗涤法检查其内容物。在水中将肝组织撕成小块，以连续洗涤法检查。

5. 胰脏

采用和肝脏同样的方法进行检查。

（二）呼吸器官

用剪刀剪开喉头、气管和支气管，先用肉眼观察；然后取黏液等刮下物，置扩大镜下检查。另外将肺组织撕成小块，放入水中，经反复挤压后，用连续洗涤法检查。

（三）泌尿器官

摘取肾脏后切开，先以肉眼检查，再从肾盂刮取材料检查；进而将肾组织切成薄片，压夹在两块玻片间，置扩大镜下检查。在搪瓷盘中切开输尿管和膀胱，用连续洗涤法检查尿液；对于尿道黏膜，可用玻片刮取材料用压片法检查。

（四）性腺

切成薄片用玻片检查。

（五）脑

将脑髓切成薄片，做压片检查。

（六）眼

刮取眼结膜及结膜腔的材料检查；对眼球先剖检内部及周围，然后用连续洗涤法检查。

（七）心脏和大血管

置于生理盐水内进行剖检，并以连续洗涤法检查其内容物。心肌可切成薄片，做压片检查。

1. 血液

采自胸腔和腹腔等处的血液，均用连续洗涤法检查。

2. 膈肌

检查有无旋毛虫寄生。用旋毛虫检验器检查时，先将膈肌切成 24 小块，将每小块置于检验器的方格内，然后将检验器螺丝拧紧放于低倍显微镜下检查。有旋毛虫放映器时，通过放映观察。一般用普通玻片做压片检查。

第五节　动物肌肉组织肿瘤的剖检诊断

一、平滑肌肿瘤

平滑肌肿瘤（简称平滑肌瘤）最常见于犬，其他动物也有发生。平滑肌瘤多半是良性的，主要发生于动物的消化道和泌尿生殖道，其中以子宫平滑肌瘤最为多发。剖检可见发生在动物消化道和子宫的平滑肌肿瘤呈球形单个生长，界限清楚，生长在子宫和浆膜下的平滑肌瘤则体积较大。当肿瘤侵害动物阴道或阴户时通常有蒂且常突出于阴户。有蒂的平滑肌瘤会引起母牛的子宫扭转，发生在犬的下段食管会引起犬持久呕吐，可引起马妊娠子宫的阻塞和犬、猫膀胱的阻塞。肿瘤表面平滑，呈粉红色或白色，质地较硬。陈旧性肿瘤由于常伴发大量胶原纤维的玻璃样变，故质地更硬。如伴发水肿、黏液样变、出血、囊性变时，质地柔软。瘤的切面呈纵横交错的编织状或漩状，大多边界分明，但缺乏真正的纤维性包膜。镜检可见平滑肌瘤的瘤细胞较正常平滑肌细胞密集。瘤细胞核的两端钝圆，胞浆较丰富，稍红染，细胞呈长梭形束状排列。瘤组织中含有许多管壁较厚的小血管，并向瘤细胞逐渐过渡。这些血管本身就是平滑肌瘤的起源，并直接构成肿瘤的组成部分。用 Malloy 氏磷钨酸苏木素染色，若显示胞浆中有纵行肌丝，可作为平滑肌性肿瘤的诊断依据。

纤维平滑肌瘤主要见于犬、猫的生殖道和牛、山羊或马的阴道。纤维平滑肌瘤是平滑肌瘤的特殊类型，其有明显的纤维成分，呈多中心生长。临床症状不明显，除非瘤体突出于阴户外，一般不影响发情周期，也不增加假孕的发生。肿瘤的产生常认为是机体对激素功能紊乱的组织应答反应。剖检可见动物纤维平滑肌瘤瘤体可向内或向外突出。此瘤在母犬常为多发性的，母猫则呈单个生长，并可见于子宫、宫颈、阴道或阴户。瘤体与正常组织之间无明显分界，肿瘤的颜色比正常组织浅或与正常组织相似。镜检可见在不同瘤体之间或一个肿瘤的不同区域，平滑肌细胞、胶原和成纤维细胞的比例有差异。细胞外形正常但排列紊乱，核分裂相明显。纤维平滑肌瘤若进行手术切除后可能复发。如在切除大的肿瘤同时再切除卵巢，小的瘤体会逐渐消失，肿瘤可治愈。

平滑肌肉瘤偶见于牛、羊和猪。平滑肌肉瘤的发生部位与平滑肌瘤相似，也可发生于平滑肌组织的肾、卵巢和骨骼肌等部位。剖检可见有些平滑肌肉瘤发生广泛性坏死，呈暗黑色并有凹陷。而另一些平滑肌肉瘤呈均匀一致的淡灰白色至粉红色，且发生于膀胱的平滑肌肉瘤常阻塞尿道。镜检可见平滑肌肉瘤的肿瘤细胞形态差异性很大，良、恶性不完全取决于细胞的多形性。例如，有时母牛的平滑肌肉瘤迁移到肺时，肿瘤细胞却分化较好。平滑肌肉瘤的主要特征是细胞分化不良，细胞数量较多，其特征为核呈梭形并淡染，有时出现多核巨细胞，核分裂相明显。

二、横纹肌肿瘤

先天性横纹肌瘤在动物中有 1/3 见于心脏，且多半是先天性的，母牛、猪和绵羊都可发生。有的在动物新生时出现，有些在动物成年后出现。肿瘤的发生与性别、品种或地区有明显的关联，在猪中可能与遗传有关。剖检变化取决于肿瘤的变性过程和变性程度。剖检可见瘤体一般不超过心脏容积的 1/6，肿瘤常有蒂，瘤体被包裹在心脏或埋在心肌内，甚至弥漫性分布于心肌的某些区域。先天性横纹肌瘤主要侵害心室，尤以室间隔为最多，肿瘤使心脏体积增大，肿块与周围组织颜色为黄色至棕色，有时呈粉红色。肿瘤分叶，有时有包膜。镜检可见瘤细胞呈多形性，从成纤维细胞到多核巨细胞，有些瘤细胞胞浆内有纤丝状交叉的横纹。有些瘤细胞有大量肌芽细胞核，核分裂相少见，但瘤细胞形态不一。瘤组织内含大量变性坏死的肌纤维。另一特征是胞浆内含大量糖原空泡，在先天性横纹肌瘤中含有 25% ～ 30% 的糖原，这有助于对肿瘤的鉴定。

横纹肌肉瘤以幼年动物发病率较高，母牛、绵羊、山羊、马、犬、猫和鸭都可发生，常发生在动物的四肢，少数发生于舌、颊部以及咽喉、食管和胸、背部。剖检可见肿瘤呈淡红灰色的球状结节，如瘤体大小超过 1 cm 时，常发生进行性坏死和出血。肿瘤常转移至周围淋巴结与内脏，包括肺、肝、脾、肾、肾上腺与骨骼肌。原发性肿瘤或转移性肿瘤都没有包膜或支持结缔组织，由肿瘤细胞本身充当结构支架。镜检可见瘤细胞极多样，其细胞有胚胎型、成纤维细胞型、多型性、带状或条状不等，有时呈蝌蚪形，胞浆可拖很长的尾巴，常伴有单核及多核巨细胞。胞浆一般较丰富，染色偏酸性，有些瘤细胞可查见纵纹和横纹，核分裂相多见，间质少，血管丰富。

第五章　多克隆抗体的制备技术

第一节　牛乳铁蛋白多克隆抗体的制备

近年来，人们对乳品质的要求越来越高，乳蛋白作为衡量乳品质的重要指标，其合成的营养调控已经成为奶牛营养学研究的热点。乳铁蛋白（lactoferrin，Lf）也称为乳运铁蛋白，是牛奶中重要生物活性物质之一，具有调节铁吸收、广谱抗细菌感染的作用，可以调节机体免疫反应，还具有抗氧化、抗癌、抗病毒等作用。乳铁蛋白在初乳中浓度较高，人初乳中浓度为 6 ～ 8 mg/mL；奶牛初乳中浓度为 1 ～ 2 mg/mL；而在常乳中浓度较低，人常乳中浓度为 1 ～ 2 mg/mL，奶牛常乳中浓度为 0.02 ～ 0.35 mg/mL。由于人乳来源有限，因此牛奶即成为人们获取乳铁蛋白的最直接途径。为检测牛奶与乳制品中乳铁蛋白的浓度，有效降低牛奶加工过程中造成的损失，需要建立一种快速、准确的方法测定生鲜乳及乳制品中乳铁蛋白的浓度。

酶联免疫吸附测定（enzyme-linked immunosorbent assay，ELISA）方法是检测特定蛋白质的有效方法，具有快速、灵敏、简便、载体易于标准化等优点。ELISA 方法结合十二烷基硫酸钠 - 聚丙烯酰胺凝胶电泳（sodium dodecyl sulfate-polyacrylamide gel electropheresis，SDS-PAGE）可用于针对特定抗原的定性和定量检测。利用此种方法检测生鲜乳及乳制品中的乳铁蛋白浓度需要用到相应的乳铁蛋白抗体，而 Sigma 公司出售的商品化抗体价格昂贵，不适合大批量样品检测。因此，实验通过免疫新西兰大白兔来制备兔抗牛乳铁蛋白多克隆抗体，旨在为研究奶牛乳铁蛋白的合成调控提供有效的实验材料。为得到纯度较高、特异性较强的抗体，通过饱和硫酸铵法和蛋白 A 树脂对抗血清进行纯化，纯化后得到的抗体用 ELISA 方法测定其效价以及与乳铁蛋白的抑制率，以期为定量检测牛奶中以及奶牛乳腺中合成的乳铁蛋白提供有效研究材料。

　　此试验旨在制备高纯度和特异性的牛乳铁蛋白多克隆抗体，为鉴定并定量检测牛奶样品中及奶牛乳腺组织中合成的乳铁蛋白提供实验材料。选用 4 只健康新西兰大白兔，初次免疫乳铁蛋白 4 周后进行加强免疫，每 2 周加强免疫 1 次，待血清达到抗体效价后，对兔进行心脏采血并分离血清，利用饱和硫酸铵法和蛋白 A 树脂纯化抗体，十二烷基硫酸钠 - 聚丙烯酰胺凝胶电泳和免疫印迹（Western-blot）法分别用于鉴定纯化后抗体的纯度和特异性。测定纯化后抗体效价，并绘制抗体抑制曲线。最后利用所得抗体对市售液态奶、奶牛乳腺组织匀浆液、奶粉样品中的乳铁蛋白进行定量检测。结果表明，该实验制备的兔抗牛乳铁蛋白多克隆抗体纯度较高、特异性较强，抗体浓度为 11.02 mg/mL，效价达到 1 ∶ 128 000；采用该抗体测定的乳腺组织样品中乳铁蛋白浓度为 16.13 μg/g，液态奶中接近于 0 μg/g，奶粉中为 5.28 μg/g。总之，该实验采用经过饱和硫酸铵法和蛋白 A 树脂两步纯化后得到了纯度较高、特异性较强的兔抗牛乳铁蛋白多克隆抗体，可以用于牛奶等产品的乳铁蛋白鉴定。

一、材料与方法

（一）实验材料

　　实验材料包括乳铁蛋白标准品（美国 Sigma 公司，纯度不低于 85%）、弗氏完全佐剂（美国 Sigma 公司）、弗氏不完全佐剂（美国 Sigma 公司）、蛋白 A 树脂（美国 Genscript 公司）、羊抗兔辣根过氧化物酶标记的免疫球蛋白 G（IgG-HRP）（武汉博士德生物工程有限公司）。乳腺组织样品采自中国农业科学院北京畜牧兽医研究所昌平试验基地；液态奶样品为市售超高温灭菌乳；奶粉样品为市售品牌普通奶粉。

（二）实验动物及饲养管理

　　实验选取 4 只健康纯种新西兰大白兔，单笼饲养，每日饲喂颗粒饲料（饲料中不含酪蛋白），自由采食和饮水。饲养前对兔舍进行彻底清扫和消毒，待兔适应饲养环境 1 周后，耳缘静脉采血，测定其血清是否与乳铁蛋白有反应，血清与乳铁蛋白无反应性的合格兔子按免疫程序进行免疫。

（三）免疫程序及抗血清的制备

实验第 1 周，将弗氏完全佐剂与乳铁蛋白溶液等比例乳化完全后，采用皮下多点注射法，每只兔注射 1 mL 乳化液（含 500 μg 乳铁蛋白），4 周后，用同样方法在背部皮下多点注射经弗氏不完全佐剂乳化完全的乳铁蛋白（含 250 μg 乳铁蛋白），以后每两周重复 1 次，每次免疫后的第 7 天耳缘静脉采血，用 ELISA 方法检测抗血清效价。第 4 次免疫后的第 7 天进行心脏采血。待血液凝结后，于 $940 \times g$ 离心 20 min，取上清液分装后置 -80℃ 保存备用。

（四）饱和硫酸铵法纯化抗血清

饱和硫酸铵纯化参考庞学燕等的方法配制，取 500 μL 血清加入等体积的磷酸盐缓冲液（phosphate-buffered saline，PBS）（0.01 mol/L，pH 7.4），冰浴下逐滴加入 250 μL 饱和硫酸铵溶液，旋涡混匀，4℃ 静置 30 min，4℃、$1550 \times g$ 离心 15 min，取上清液。在上清液中逐滴加入 1 000 μL 饱和硫酸铵溶液，旋涡混匀，4℃ 静置 30 min，离心弃上清液。沉淀用 500 μL PBS 溶解，在溶液中逐滴加入 250 μL 饱和硫酸铵溶液，边加边搅拌，4℃ 静置 30 min，4℃ 离心，保留沉淀。沉淀继续用 PBS 溶解，滴加饱和硫酸铵溶液，静置，离心，保留沉淀。将沉淀溶于 PBS 中，装入透析袋中 4℃ 透析过夜。

（五）蛋白 A 树脂纯化抗血清

参考庞学燕等的方法，采用蛋白 A 树脂纯化抗血清。向纯化柱中加入 1 mL 结合 / 洗涤缓冲液，将 1 mL 混匀的蛋白 A 树脂加入柱中，再向柱中加入 5 mL 结合 / 洗涤缓冲液以平衡柱子，流速约 1 mL/min。将结合 / 洗涤缓冲液稀释后的血清样本加入柱中，保持流出速度约为 1 mL/min。用 30 mL 结合 / 洗涤缓冲液冲洗柱子并使缓冲液流出速度约为 2 mL/min，用 15 mL 洗脱缓冲液洗脱抗体，保持洗脱液流速约 1 mL/min。将含有抗体的洗脱液收集到含平衡缓冲液的烧杯中以中和洗脱液 pH 至 7.4。洗脱出来的抗体溶液装入透析袋中 4℃ 透析过夜。

（六）SDS–PAGE 鉴定纯化后抗体纯度

配制 12% 的分离胶和 5% 的浓缩胶，取 80 μL 抗体样品与 20 μL 5× 上样缓冲液混匀，在沸水中煮沸 5 min。每孔上样 12 μL，电压调为 80 V 开始电泳（PowerPac 3000 型电泳仪，美国 Bio-Rad 公司），当指示染料进入分离胶后，

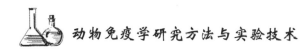

将电压调至 120 V，继续电泳直至染料抵达距分离胶下端约 1 cm 处停止电泳，固定液固定，考马斯亮蓝染色，脱色液脱色，直至条带清晰可辨，用凝胶成像系统拍照观察。

（七）ELISA 方法检测纯化后抗体的效价

抗体效价的检测采用 ELISA 方法。将乳铁蛋白标准品用包被液稀释至 0.31 μg/mL，每孔 100 μL 包被酶标板，4℃过夜，并用 PBS 做阴性对照，次日弃去孔内液体，每孔加入 200 μL 封闭液 [1% 卵清白蛋白（OVA）]，置 37℃恒温箱 1 h，倾去液体后用磷酸盐吐温缓冲液（phosphate-buffered saline tween，PBST）洗涤 4 次，每次静置 3 min 后迅速倾去洗涤液，拍干。取不同稀释度（1 : 2 000、1 : 4 000、1 : 8 000、1 : 16 000、1 : 32 000、1 : 64 000 和 1 : 128 000）的纯化后抗体，每个稀释度 3 个重复，37℃温育 1 h，然后倾去液体，PBST 洗涤，倾去液体，拍干。每孔加 100 μL 按 1 : 5 000 稀释的羊抗兔 IgG-HRP 抗体，37℃温育 1 h，PBST 洗涤，倾去液体，拍干。每孔加入 100 μL 新鲜配制的四甲基联苯胺（TMB）底物溶液室温孵育 20 min。每孔加入 50 μL 终止液（2 mol/L 硫酸），5 min 后在酶标仪上测定 450 nm 下的吸光度（OD450 nm）值。若待测孔 OD450 nm 值大于或等于阴性对照孔的 2.1 倍，即认为是阳性值，从而得出抗体的效价。

（八）乳铁蛋白的测定工作曲线

用竞争性 ELISA 测定抗体与乳铁蛋白之间的抑制率。将抗体做适当浓度稀释后，以等体积分别与系列倍比稀释（40 000、20 000、10 000、5 000、2 500、1 250、625、312.5 ng/mL）的乳铁蛋白混匀后，室温反应 15 min。然后加至已包被处理的酶标板中。其余步骤同（七）。根据 OD450 nm 值绘制标准曲线，计算抗体与乳铁蛋白的抑制率。

（九）乳腺组织及乳制品中乳铁蛋白浓度的测定

将从屠宰场采集的奶牛乳腺组织样品迅速放入液氮保存。测定时，将乳腺组织样品取出后，倒入液氮进行研磨，称取一定量乳腺组织样品，充分溶解于 5 倍体积的 PBS 中，同时加入放射免疫沉淀测定裂解液（radio immunoprecipitation assay，RIPA）和蛋白酶抑制剂，12 000×g 离心 10 min，取上清液，用二辛可酸（BCA）蛋白质浓度测定试剂盒检测待检样品中总蛋白质的浓度。取 1 mL 液态奶，加入蒸馏水进行稀释后，3 000×g 离心 10 min，去除上层脂肪。加入 1 mol/L 稀盐酸调节 pH 值为 4.6，去除酪蛋白，得到乳铁蛋白粗品。取 3 g 奶粉样品，加水定容至 100 mL，离心去除脂肪和酪蛋白后，得到乳铁蛋白粗品。利用乳铁蛋白测定工作曲线，检测乳腺组织、液态奶及奶粉中乳铁蛋白的浓度。

（十）免疫印迹法鉴定纯化后抗体特异性及反应性

将乳铁蛋白纯品溶于 PBS 中，奶牛乳腺组织、液态奶和奶粉前处理方式同（九）。以总蛋白质浓度作为 SDS-PAGE 上样量依据，配制 12% 分离胶和 5% 浓缩胶，对乳铁蛋白纯品、奶牛乳腺组织、液态奶和奶粉样品进行电泳，电泳结束后将蛋白质转移到预先用甲醇活化的聚偏二氟乙烯膜（polyvinylidene fluoride，PVDF）上，利用 0.5% 的鸡血清进行封闭，将乳铁蛋白多克隆抗体溶液按 1 ： 6 000 稀释后，室温孵育 2 h，PBST 洗后加入羊抗兔辣根过氧化物酶标记 IgG 抗体（1 ： 5 000 稀释），PBST 洗膜，二氨基联苯胺（DAB）显色剂显色后扫描结果。

二、讨论

牛奶中含有多种生物活性物质，如抗毒素、抗细菌和抗病毒以及刺激免疫系统的成分。其中，乳铁蛋白即是一种多功能蛋白质，具有与铁元素结合的特性，不仅可以促进铁的吸收，同时兼具抗细菌、抗病毒、抗真菌、抗炎症、抗氧化和免疫调控等作用。有研究发现，乳铁蛋白还可以降低断奶前腹泻犊牛的死亡率。目前针对乳铁蛋白的检测方法主要有高效液相色谱法、放射免疫扩散法以及 ELISA 方法等。

高效液相色谱法利用色谱柱根据样品分子质量的差异分离蛋白质，其测定结果准确可靠，精密度高，重复性好；但仅适合于高纯度样品测定，如果样品中乳铁蛋白浓度较低，由于乳铁蛋白与其他杂蛋白质分子质量相近，在凝胶色谱上的保留时间相近，很难将各组分区分开，进而影响定量结果；且高效液相色谱法需要的仪器较为昂贵。龚广予等利用放射免疫扩散法检测婴幼儿配方奶粉中的乳铁蛋白，利用抗原抗体反应形成沉淀带的原理计算乳铁蛋白浓度，准确性稍差。而 ELISA 方法操作相对简便，准确性好，对于乳及乳制品中浓度相对较低的乳铁蛋白而言，该方法灵敏度高，且对样品纯度要求不高，检测限较低，适合于乳铁蛋白的检测。因此，制备乳铁蛋白抗体是目前检测牛奶及奶牛乳腺中合成的乳铁蛋白的优选措施。与普通抗血清相比，特异性抗体的制备要求对相应抗血清进行纯化，其制备步骤更为复杂，但抗体的效价相对较高。针对牛奶中的多种生物活性蛋白质，已经得到了包含兔抗牛 β- 酪蛋白、αs- 酪蛋白和 κ- 酪蛋白以及乳铁蛋白等的抗血清。早期沈新义等利用乳铁蛋白免疫家兔得到的抗血清效价仅为 1 : 10 000，李岩利用乳铁蛋白免疫新西兰大白兔和高产罗曼蛋鸡，得到的抗血清效价仅为 1 : 48 000，与此实验中特异性抗体的效价相差甚远。

以往研究中针对抗体的纯化方法多为单一纯化方法，常见的有盐析法、离子交换层析法和亲和层析法等。盐析法利用蛋白质在高浓度盐溶液中形成沉淀的原理分离纯化蛋白质，离子交换层析法利用离子交换树脂与蛋白质的选择性结合而分离蛋白质，而亲和层析法则是利用蛋白质与介质中配基的特异结合而分离纯化蛋白质。由于以上方法的原理不尽相同，其纯化抗体后的纯度也相差甚远，例如，通过饱和硫酸铵盐析法得到的抗体纯度一般在 75% 左右，而利用亲和层析法纯化后的抗体纯度在 90% 以上。此实验在分析比较了前人所用方法的基础上，先后通过饱和硫酸铵法和蛋白 A 树脂两种方法纯化了抗体，经 SDS-PAGE 电泳后看到抗体条带清晰，且纯度较好，抗体浓度为 11.02 mg/mL。

抗体滴度，即抗体效价，用抗体的稀释倍数表示，是指某一抗体经稀释后能与抗原结合并出现可见反应的最高稀释倍数；或者是稀释抗体和阴性对照的吸光度值之比大于 2.0 的最大的抗体稀释度。此实验中的多克隆抗体血清来自 4 只用乳铁蛋白免疫的新西兰白兔。在血清稀释倍数最大为 128 000 时，仍然为阳性反应，证明最终的抗体效价为 1 : 128 000。免疫印迹法证明此实验中制备的多克隆抗体与乳铁蛋白标准品可特异性结合，且可用于检测奶牛乳腺组织中以及奶粉中的乳铁蛋白。此实验中奶牛乳腺组织、市售液态奶及奶粉样品中的乳铁蛋白检测结果不尽相同，证明不同样品中该物质浓度有所差异。研究表明，乳铁蛋白由机体外分泌腺分泌，主要存在于乳汁中，同时在泪液、唾液、血浆、胆汁、胰液和嗜中性粒细胞中也有存在。其在初乳中浓度最高，常乳次之，而此实验中检测到其在奶粉样品中浓度稍高，证明奶粉中可能含有外源添加的乳铁蛋白。由于乳铁蛋白具有多种生物学功能，有利于人体健康而无毒副作用，目前已成为允许在婴幼儿配方奶粉以及食品中添加的物质之一。此实验中液态奶中乳铁蛋白浓度偏低可能与其加工储存方式有关。通过利用此实验中制备的抗体检测不同样品中乳铁蛋白浓度的差异结果表明，该抗体可有效反映样品中乳铁蛋白的浓度。

此实验通过免疫新西兰大白兔成功制备了纯度较高、特异性较强的兔抗牛乳铁蛋白多克隆抗体，抗体浓度为 11.02 mg/mL，效价达到 1∶128 000，该多克隆抗体可以与乳铁蛋白特异性结合，可用于定性鉴定和定量检测牛奶中以及奶牛乳腺合成的乳铁蛋白，为后续奶牛乳铁蛋白合成调控研究工作的开展奠定了基础。

第二节　Us11 的表达及其多克隆抗体的制备

已有研究发现单纯疱疹病毒 1（herpes simplex virus type 1，HSV-1）感染后，病毒的 Us11 蛋白在拮抗宿主先天性免疫反应中发挥重要作用。通过合成 HSV-1 的 Us11 基因，克隆表达制备针对 Us11 的多克隆抗体，为研究 Us11 的功能以及与宿主蛋白的相互作用提供实验基础。通过人工合成 Us11 基因并以其为模板扩增，回收 Us11 基因片段，克隆至原核和真核表达载体；诱导表达 Us11 蛋白并纯化，制备 Us11 兔源多克隆抗体；转染质粒至 293T 细胞，对细胞表达的蛋白进行间接免疫荧光（IFA）和免疫印迹（WB）检测。成功构建 pCold-Us11 和 pFLAG-Us11 质粒，实现可溶性 Us11 蛋白表达，纯化的 Us11 蛋白免疫动物获得针对 Us11 的多克隆抗体。IFA 和 WB 结果显示，制备的抗血清能特异性检测到 pFLAG-Us11 转染 293T 细胞表达的 Us11 蛋白。

单纯疱疹病毒 1 型是一种全世界流行的疱疹性疾病病原体。HSV-1 基因组为 152 kb 的双链 DNA，编码 76 个以上的病毒蛋白。HSV-1 主要感染人的口腔、皮肤黏膜、眼黏膜及中枢神经系统，引起龈口炎、唇疱疹、咽炎、角膜炎和疱疹性脑炎，而 HSV-1 引发的脑炎对人类健康危害最为严重。近年来我国 HSV-1 感染发病率迅速上升，由其所引起的单纯疱疹病毒性脑炎（herpes simplex encephalitis，HSE）约占脑炎病例的 5%～20%，占病毒性脑炎病例的 20%～68%。然而，HSV-1 引发脑炎的病理机制尚不十分清楚。已有研究表明 HSV-1 感染后，病毒 Us11 蛋白在拮抗宿主先天免疫反应中发挥重要作用；Us11 能拮抗 I 型干扰素刺激产生的抗病毒蛋白 PKR、2'-5' 寡腺苷酸合成酶；此外 HSV-1 Us11 蛋白能隔离 dsRNA，阻断了 dsRNA 激活 PKR。为了研究 HSV-1 利用 Us11 拮抗宿主抗病毒免疫应答的机制，此研究分别构建 Us11 原核

和真核表达载体系统，原核表达 Us11 蛋白并制备 Us11 兔源多克隆抗体，通过间接免疫荧光、免疫印迹实验鉴定 Us11 真核表达载体转染细胞并表达 Us11 蛋白。

一、材料与方法

（一）材料

细菌、细胞和实验动物大肠杆菌 DH5α、BL21（DE3）由本实验室保存；293T 细胞由本实验室保存；新西兰大耳白实验兔购自上海斯莱克实验动物中心。

主要试剂与耗材：原核表达载体 pCold I 和真核表达载体 pFLAG 7.1 由本实验室保存；Us11 基因、核苷酸引物和序列测定由上海桑尼生物完成；Taq DNA 聚合酶、T4 连接酶、限制性内切酶、DNA 纯化试剂盒、DNA 标准分子量 marker 购自 TaKaRa（大连）公司；标准蛋白 marker（普通及预染）购自 Fermentas 公司；异丙基 -β-D 硫代半乳糖苷（IPTG）购自 Sigma 公司；弗氏完全佐剂和弗氏不完全佐剂购自 Sigma 公司；质粒小量 / 大量抽提试剂盒购自 Axygen 公司；His 标签蛋白纯化预装柱购自 GE 公司；3 kD 蛋白超滤管购自 Millipore 公司；羊抗兔 IgG-HRP、羊抗兔 IgG-FITC 购自 CTL 公司；West Pico 化学发光试剂盒购自 Thermo scientific 公司；Lipofectamine®3000 购自 Invitrogen 公司，其他试剂均为进口或国产分析纯。

（二）方法

1. HSV-1 Us11 基因扩增

通过 NCBI 数据库查询 Human herpesvirus 1 strain F Us11 基因（GenBank：GQ999614.1），根据序列合成 Us11 全长基因。

根据合成的 Us11 基因序列，在全长 Us11 两端设计 PCR 引物序列，引物 5' 末端引入酶切位点。引物序列如下：

上游引物为 5'-GGCAAGCTT atgagccagacccaacccccg-3'（下划线为 Hind Ⅲ 酶切位点），下游引物为 5'-GGCGAATTCctatacagacccgcgagccg-3'（下划线为 EcoR I 酶切位点）。

以合成的 Us11 基因为模板，扩增 Us11 基因用于表达载体克隆。PCR 反应体系为：95 ℃ 5 min；95 ℃ 30 s，54 ℃ 30 s，72 ℃ 30 s，35 个循环；

72℃ 10 min。扩增产物经 1% 琼脂糖凝胶电泳分析，切胶回收目的片段。

2. pCold-Us11 原核表达载体构建

将 pCold I 载体和 Us11 回收片段分别用 Hind Ⅲ、EcoR I 双酶切，回收纯化后使用 T4 DNA 连接酶连接过夜，转化大肠杆菌 DH5α 感受态细胞后涂布于 LB/Amp 平板培养，挑取克隆进行 PCR、酶切和测序鉴定，将鉴定正确的质粒命名为 pCold-Us11。

3. Us11 蛋白的诱导表达和纯化

将重组质粒转化宿主表达菌 BL21（DE3）感受态细胞，挑取单菌落接种至 LB/Amp 液体培养基，37℃ 振荡培养过夜。次日以 1 : 100 比例转接至新鲜 LB/Amp 培养基中，37℃ 振荡培养 2 ～ 3 h，OD600 值到达 0.6 时取出，冷却至 15℃ 时加入 IPTG 至终浓度为 0.1 mmol/L，15℃ 振荡培养 24 h。诱导后的菌液冷却后离心收集菌体，PBS（0.1 mmol/L PMSF）重悬，在冰浴中超声波破碎，12 000 r/min 4℃ 离心后分别收集裂解后的沉淀和上清，加入 5X 电泳上样缓冲液，100℃ 煮沸 5 min 后进行 SDS-PAGE 电泳，分析目的蛋白可溶性表达情况。同时设置 pCold I 空载体质粒转化 BL21（DE3）宿主菌和 BL21（DE3）空菌同步诱导作为对照。

将重组菌单克隆按上述方法接种扩大培养，超声波裂解菌体后获得上清，按照 HisTrap FF Crude 操作手册纯化蛋白，然后使用 3 kD 蛋白超滤管 3 500 r/min 4℃ 浓缩蛋白。浓缩蛋白通过 SDS-PAGE 鉴定并使用分光光度计测定浓度，分装，-80℃ 保存备用。

4. Us11 兔源多克隆抗体的制备

取纯化后的 Us11 蛋白，加入等体积的佐剂，充分乳化，皮下多点注射免疫健康的新西兰大耳白兔，每只每次免疫蛋白量为 100 μg。基础免疫使用弗氏完全佐剂，加强免疫使用弗氏不完全佐剂，每次免疫间隔两周，共免疫 3 次。第 3 次免疫后两周，对兔子心脏采血，分离血清，分装，-20℃ 保存备用。

5. pFlag-Us11 真核表达载体的构建和扩增

将 pFlag 7.1 载体和 Us11 回收片段分别用 Hind Ⅲ、EcoR Ⅰ 双酶切，回收纯化后使用 T4 DNA 连接酶连接过夜，转化大肠杆菌 DH5α 感受态细胞后涂布于 LB/Amp 平板培养，挑取阳性克隆进行 PCR、酶切和测序鉴定，将鉴定正确的质粒命名为 pFlag-Us11。

挑取重组菌单克隆接种至 LB/Amp 液体培养基扩大培养，收获菌体使用质粒大量提取试剂盒提取 pFlag-Us11 质粒，分装，-20℃保存备用。

6. IFA 检测 293T 细胞表达 Us11 蛋白

将 293T 细胞接种于 24 孔细胞板，待细胞生长至 70% 时将 pFlag-Us11 质粒按照 Lipofectamine®3000 操作手册转染细胞，质粒 500 ng/ 孔。培养 48 h 后取出细胞板，用 PBS 温和清洗细胞，加入 4% 多聚甲醛 4℃固定细胞 30 min，清洗后用 0.1%TritonX-100 室温透化细胞 5 min，清洗细胞弃多余液体。以制备的 Us11 兔抗血清为一抗，按 1：1 000 稀释加入细胞 37℃孵育 1 h。PBS 清洗细胞 4 遍，以羊抗兔 IgG-FITC 为二抗，按 1：1 000 稀释加入细胞 37℃孵育 1 h。PBS 清洗细胞 4 遍，在荧光显微镜下观察细胞。

WB 检测 pFlag-Us11 转染细胞表达 Us11 蛋白将 293T 细胞接种于 24 孔细胞板，待细胞生长至 70% 时将 pFlag-Us11 质粒按照 Lipofectamine®3000 操作手册转染细胞，质粒 500 ng/ 孔。培养 48 h 后取出细胞板，用 PBS 温和清洗细胞，加入 RIPA 裂解液充分反应后吸取裂解液，将 293T 细胞 12 000 r/min 离心 10 min。获取上清蛋白液进行 SDS-PAGE，取下凝胶在半干转印仪中转移至 PVDF 膜，恒压 20 V 转移 20 min。取出 PVDF 膜在含 5% 脱脂乳的 TBST 中 4℃封闭过夜。次日用 PBST 洗两遍，Us11 兔抗血清用封闭液按 1：500 稀释后加到 PVDF 膜上，室温缓慢摇晃 2 h。取出膜用 PBST 摇晃洗涤 3 遍，每次 10 min。1：5 000 稀释的羊抗兔 IgG-HRP 作为二抗，室温缓慢摇晃 1 h，同样用 PBST 摇晃洗涤 3 遍，最后用 ECL 化学发光试剂盒显色，在胶片上曝光。

二、讨论

HSV-1 原发感染后机体很快产生特异性的免疫力，清除大部分病毒从而使症状消失。也有少数病毒可长期潜伏在神经节中的神经细胞内，但不产生临床症状，当机体免疫力低时，病毒引起复发性局部疱疹。疫苗和抗病毒药物依然是预防和治疗 HSV-1 感染的最佳选择，但 HSV-1 的疫苗研制多处于研究阶段。英国葛兰素史克公司（Glaxo Smith Kline，GSK）研制的 HSV 糖蛋白 D（gD-2）的亚单位疫苗实验表明只对 HSV-1 和 HSV-2 血清阴性的女性有效，而对男性和 HSV-1 血清阳性的女性群体免疫效果不佳。美国喀戎（Chiron）公司研发的 HSV-2 糖蛋白 B（gB-2）和 gD-2 联合亚单位疫苗因免疫后虽然能产生抗体，但不能抑制对 HSV-2 的感染，最终停止了研究。广泛使用阿昔洛韦

Aacyclovir，ACV）导致 HSV 耐药毒株自 1982 年就已出现，在免疫系统正常的 HSV 患者中感染 ACV 耐药毒株比例在 0.6% 以下，而在有免疫缺陷的患者中 ACV 耐药毒株比例在 3% ~ 6%，骨髓移植受体 HSV 患者的耐药毒株比例达 14%。目前仍无用于临床安全有效的 HSV-1 疫苗，其重要原因是 HSV-1 感染宿主后的致病机制及病毒逃避宿主免疫反应的机制还不完全清楚。

与大多数病毒类似，HSV-1 进化出多种策略对抗宿主的先天免疫反应，如干扰 IFN 信号途径和 IFN 刺激基因的抗病毒功能，抑制病毒感染细胞的凋亡利于病毒复制等机制。在 HSV-1 复制周期早期阶段病毒能够抑制干扰素刺激基因转录产物的积聚，这是通过早期蛋白 ICP0 抑制 IRF3 介导的 ISGs 的转录激活。值得注意的是，HSV-1 感染晚期，能够在 IFN 处理的细胞内复制而不会激活 RNase L 介导的抗病毒反应途径。HSV-1 感染后 Us11 蛋白能抑制 2'-5' 寡腺苷酸合成酶（2'-5'OAS）的合成，2'-5'OAS/RNase L 途径是 IFNs 刺激的经典抗病毒先天免疫反应。Us11 蛋白 RNA 结合结构域是抑制 OAS 必需的。已有研究报道 Us11 能抑制 PKR 和 PACT 介导的抗病毒途径，其中研究较多的是 HSV-1 拮抗 I 型 IFN 刺激产生的抗病毒蛋白 PKR、2'-5' 寡腺苷酸合成酶。PKR 是宿主重要的抗病毒蛋白，能抑制 HSV-1 的复制。目前研究表明，HSV-1 抑制 PKR 的抗病毒功能至少涉及两种机制。HSV-1 L 蛋白 ICP34.5 能提高蛋白磷酸酶 1（PP1）的表达，阻断 PKR 介导的磷酸化 eIF2 进程，从而干扰 PKR-eIF2 抗病毒途径。此外，HSV-1 Us11 蛋白能隔离 dsRNA，阻断 dsRNA 激活 PKR。Us11 和 ICP34.5 蛋白在对抗 IFNs 的抗病毒功能中发挥作用。而且 Us11 还能抑制 2'-5' 寡腺苷酸合成酶抗病毒系统。Us11 能结合 RNA，干扰 TLR3 和 RLR 对 dsRNA 的识别作用。

本研究运用分子生物学方法，表达了 Us11 蛋白并免疫兔子制备了多克隆抗体，并使用该抗体对 Us11 的真核表达进行了鉴定，为深入研究 HSV-1 Us11 拮抗宿主先天免疫反应提供了有价值的技术手段和实验材料。

第三节　利用 DNA 免疫技术制备 ASB11 蛋白的多克隆抗体

ASB11 参与胚胎神经祖细胞的发育、再生性肌发生以及泛素化等过程，但对于其机制人们仍不清楚。为了进一步研究斑马鱼 ASB11 基因的作用机制，本研究采用 DNA 免疫技术制备了 ASB11 多克隆抗体；利用斑马鱼 ASB11 的 cDNA 构建 pCAGGS-P7/ASB11 重组表达质粒，肌肉注射入 6 ～ 8 周龄的 BALB/c 小鼠体内，诱导抗原蛋白的表达和免疫应答的发生。结果显示，制备的 pCAGGS-P7/ASB11 重组质粒具有较好的免疫原性；将提取的抗血清进行免疫印迹和免疫荧光检测，显示所制备的多克隆抗体的效价为 1：400，抗血清抗体能特异地结合 ASB11 蛋白。本研究为后续的功能研究奠定了基础。

ASB 家族（ankyrin repeat and SOCS box containing protein family，含锚蛋白重复序列 - 细胞因子信号抑制物盒蛋白家族）因在其氨基端和羧基端分别含有多个串联重复的 ankyrin repeat 结构域和一个 SOCS（suppressor of cytokine signaling）box 结构域而得名。ASB 的 ankyrin repeat 结构域最先是在酵母的细胞周期基因 Swi/Cdc10 和果蝇的 Notch 基因中发现的，可以与特异性的靶蛋白结合，介导蛋白与蛋白之间的相互作用；该结构域在蛋白中的重复次数最高可达 33 次，不过多数在 6 个以下。目前已经发现的 ASB 家族成员共有 18 个，分别命名为 ASB1 ～ ASB18；其中 ASB5、ASB9、ASB11、ASB13 和 ASB15 蛋白的主要序列相似，且都含有 6 个重复的 ankyrin repeat 结构域，该特征与 ASB 家族的其他成员存在明显区别。不同 ASB 蛋白在其 ankyrin repeat 结构域的构象以及重复次数等方面的差异性提示其可能通过与不同的靶蛋白相结合而参与不同的生理过程。

斑马鱼的 ASB11 与人类的 ASB11 高度同源。已有的研究表明，斑马鱼的 ASB11 基因位于第 9 号染色体上，含 7 个外显子，cDNA 全长为 882 bp，编码 293 个氨基酸，分子量约为 32 kD；人类的 ASB11 基因位于 Xp22.31 上，由 7 个外显子构成，亚细胞定位显示 ASB11 蛋白在细胞质和细胞核中均有表达。斑马鱼的 ASB11 是体内经典 Notch 信号传导的正调节因子，参与泛素化过程，影响胚胎神经祖细胞的发育，该过程依赖于 ASB11 蛋白的 SOCS box。SOCS box 是 ECS 型 E3 泛素连接酶复合物的底物识别模块，SOCS box 域分为 BC 框和 Cul 框基序，ASB11 的 Cul5 框是正确表达 Notch 靶基因的前提，缺乏 Cul5 框的斑马鱼突变体在 Notch 信号传导方面存在明显缺陷。此外，ASB11 是胚胎和成体再生性肌发生的主要调节者，也是肿瘤发生的候选基因之一。ASB11 可能参与了心脏和肌肉组织的发育过程，有关 ASB11 的研究对于揭示心脏发育中的相关信号通路和分子调控机理具有重要的意义。

DNA 免疫是将包含目标蛋白 DNA 或者 cDNA 的重组真核表达载体直接注射到动物的肌肉、皮下或者腹腔等部位，利用宿主的转录系统合成外源目标蛋白抗原，并激活宿主的免疫系统，诱导免疫应答的发生。DNA 免疫的应答强弱与其表达载体表达抗原的能力以及免疫接种的途径有关，其中，表达载体的表达能力主要取决于载体上启动子和增强子的强弱，而不同的免疫途径产生免疫应答的机制和效果也不同。肌肉注射是最常见的 DNA 导入方式，具有操作简便、免疫接种容量大、引起免疫反应持续时间长等特点。真核表达质粒 pCAGGS-P7 是 DNA 免疫研究中最常用的质粒载体之一，含有鸡的 β-actin 真核启动子和 CMV 增强子，可使下游插入基因能在哺乳动物中高效表达，从而增强免疫效果；而多个酶切位点利于目标片段的插入，Poly A 可保证目标 mRNA 在体内的稳定性。

本研究将带有斑马鱼 ASB11 cDNA 的 pCAGGS-P7/ASB11 重组表达质粒通过肌肉注射到小鼠中，使其在小鼠体内引起免疫应答，经过多次免疫后，提取相应的血清进行免疫痕迹和免疫荧光检测，并检测制备的多克隆抗体的免疫效果，以期为后续的功能研究奠定基础。

一、材料与方法

（一）菌株、质粒、细胞和主要试剂

DH5α 感受态细胞、真核表达质粒 pCAGGS-P7 以及人肺癌 A549 细胞，为湖南师范大学心脏发育中心保存；BALB/c 小鼠购自湖南斯莱克景达实验动物有限公司；高保真酶试剂盒、一步克隆试剂盒购自南京诺唯赞生物科技有限公司；DNA 纯化回收试剂盒、质粒提取试剂盒购自北京康为世纪生物公司；鼠二抗购自 CST 公司。限制性内切酶 Kpn I、Xho I（Takara 公司，日本）；常规 RPMI1640 培养基（北京全式金生物技术有限公司）；10% 新生牛血清 FBS（Invitrogen 公司，美国）；10 mmol/L Hepes（北京索莱宝科技有限公司），用于细胞培养，培养条件为 37℃、5%CO_2。

（二）引物的设计与合成

在 NCBI 网站上搜索斑马鱼 ASB11 基因的 cDNA 序列，并以该序列为模板，利用 Primer5.0 软件设计引物 P1、P2。在 P1、P2 引物前均加入同源臂序列，同源臂序列中分别引入限制性内切酶 Kpn I、Xho I 识别位点。引

物由上海生物工程公司合成，序列如下：P1（pCAGGS-P7-ASB11-F）：CTATAGGGCGAATTGGGTA CCTTTAGTTTAGAGATGGCCGTGG；P2（pCAGGS-P7-ASB11-R）：ATCGATACCGTCGACCTCGAGGTGACACTTGACAATGTTTATCGG。

（三）pCAGGS-P7/ASB11 表达质粒的构建

首先，用 Trizol 从发育至 24 h 的 AB 品系斑马鱼胚胎中提取总 RNA，反转录合成 cDNA。然后以 cDNA 为模板，用上述 P1、P2 引物进行高保真 PCR 扩增，成功扩增出长度为 964 bp 的 ASB11 基因片段。反应条件为：95℃预变性 3 min，95℃变性 15 s，56℃复性 15 s，30 个循环，72℃延伸 30 s，4℃保存。获得的 PCR 产物琼脂糖电泳后，用 DNA 纯化回收试剂盒回收目的片段。最后与用限制性内切酶 Kpn I 和 Xho I 双酶切 pCAGGS-P7 质粒回收的约 5 000 bp 片段，用 T4 DNA 连接酶 4℃连接过夜。

（四）转化及重组质粒的鉴定

将上述连接产物转化至 DH5α 感受态细胞，经氨苄西林抗性筛选后，挑取阳性单克隆至氨苄抗性的 LB 液体培养基中，200 r/min、37℃振荡培养 14 h。以 P1、P2 为引物进行菌液扩增，经琼脂糖凝胶电泳后初步确定重组质粒 pCAGGGS-P7/ASB11 阳性克隆，将阳性的重组质粒进行测序鉴定。

（五）DNA 免疫技术制备小鼠抗 ASB11 抗体

用 pCAGGGS-P7/ASB11 重组质粒免疫 6～8 周龄的小鼠：电击处理 5 只小鼠后，在其肢股四头肌部位注射浓度为 700 ng/μL 的重组质粒，每只小鼠注射 40 μL。同时用未插入片段的 pCAGGGS-P7 空载质粒 DNA 等量注射 5 只小鼠作为对照组。注射时间段为 0 d、21 d、28 d，共重复注射 3 次，于第 35 d 取血并分离血清，分装后的血清于 -80℃冰箱保存。

（六）Western-blot 检测 ASB11 多克隆抗体效价

将发育至 24 h 的 AB 型斑马鱼胚胎收集于 1.5 mL 的 EP 管中，加入裂解试剂（RIPA）和蛋白酶抑制剂后充分研磨，在 4℃摇床静置 30 min 后，沸水煮 10 min，转速为 12 000 r/min，离心 5 min；取上清，加入 5× 的蛋白上样 Loading，12 000 r/min，离心 2 min。然后取 30 μL 的样品，SDS-PAGE 凝胶电泳 2 h，凝胶半干转膜 15 min，5% 脱脂牛奶室温封闭 1 h，加入 DNA 免疫产生的 ASB11 抗血清作一抗,用免疫前血清做阴性对照,37℃摇床孵育 2 h。最后,用 TBST 洗涤 3 次后加入 1 : 1 000 抗小鼠的二抗,室温孵育 2 h,TBST 洗涤 3 次后显影观察。

(七)免疫荧光检测 ASB11 多克隆抗体效价

将人肺癌 A549 细胞以合适的密度接种于玻底培养皿培养 48 h,吸去培养基,PBS 清洗 2 次,3 min/ 次;用 4% 多聚甲醛室温固定 20 ~ 30 min,PBS 洗 3 次、5 min/ 次;然后用 0.2% 的 Triton-X-100 室温通透 20 min,PBS 清洗 3 次、5 min/ 次;加入 5%BSA 封闭液,室温封闭 30 min 后,吸掉封闭液。

实验组用 DNA 免疫产生的 ASB11 抗血清 1 : 50 稀释,室温孵育 2 h,对照组则用等体积的免疫前血清孵育。在避光条件下,用 0.1% 的 PBST 洗 3 次后,滴加稀释好的荧光二抗,室温孵育 2 h,PBST 浸洗 3 次、5 min/ 次。滴加 DAPI 孵育 10 min(DAPI 按 1 : 1 000 稀释),PBST 洗 3 次、5 min/ 次,在共聚焦显微镜或荧光显微镜下观察采集图像。

二、讨论

ASB11 在脊椎动物中高度保守,研究表明,ASB11 在多能和神经定向祖细胞系中的过度表达将抑制末梢神经元的分化;目前 ASB11 在胚胎发生和成体中的功能仍未得到充分阐明。值得注意是,斑马鱼的 ASB11 不仅与人类的 ASB11 具有同源性,而且与哺乳动物中 ASB 家族的其他成员也高度同源,尤其是与 ASB9 高度同源。ASB9 在结直肠癌中高度表达,是癌细胞检测中的重要指标,ASB11 与 ASB9 高度同源,暗示 ASB11 可能参与了肿瘤的发生;泛素 - 蛋白酶体途径是恶性肿瘤发生过程中的关键因子,在 ASB11 过表达的细胞系中,P53、P21 的表达明显上调,由此推测 ASB11 可能与肿瘤的发生相关。有关 ASB11 的功能研究将有助于阐明胚胎神经祖细胞的发育、再生性肌发生、泛素化以及肿瘤的发生机理,具有重要的意义。

沃夫(Wolf)等人第一次将 DNA 质粒注射到肌肉中,诱发免疫应答产生特异性抗体,开启了 DNA 免疫的新篇章。作为近年发展起来的新兴免疫技术,DNA 免疫技术能很好地模拟天然条件下宿主机体感染病原体产生抗体的过程。刘丽梅等人利用 DNA 免疫技术,通过将含有鸡的 β-actin 真核启动子和 SV40 双启动子的真核表达载体 pCAGGS-P7/NV2B 免疫小鼠,使下游插入的基因能在小鼠体内高效表达,制备了抗登革热病毒 2 型 NS2B 蛋白的多克隆抗体;姜

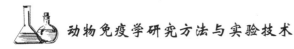

永萍等人利用表达载体 pCAGGS 显著增强了禽流感 DNA 疫苗的免疫保护效果；证明 DNA 免疫反应持久，可持续表达低水平的蛋白抗原。此外，DNA 免疫可以直接免疫小鼠，其操作过程简单、用时短、无须纯化蛋白，故较传统的免疫方式而言具有很大的优势。当然 DNA 免疫亦存在一定的缺陷，如免疫应答不够强烈，所获得的抗体效价也偏低等。总体来说，DNA 免疫是一种简单易行的抗体制备方法，尤其适用于分子质量小、不易纯化的蛋白的抗体制备。

本研究通过反转录的方式获得了斑马鱼 ASB11 的 cDNA，将其克隆至改造过的含有鸡 β-actin 启动子和 CMV 增强子的 pCAGGS-P7 真核表达载体上，构建 pCAGGS-P7/ASB11 重组表达质粒。实验表明，该重组质粒可以在小鼠体内高效表达，肌肉注射较其他注射方法而言更为简便，能诱导 CTL 特异反应。本研究通过 DNA 免疫技术成功制备了斑马鱼 ASB11 基因的多克隆抗体，利用免疫印迹以及免疫荧光检测了 ASB11 多克隆抗体的有效性。在前期成功构建了斑马鱼 ASB11 基因突变品系的基础上，为后续 ASB11 基因的功能研究和作用机理研究奠定了基础。

第四节　黄鳝血清转铁蛋白多克隆抗体的制备及检测

为实现黄鳝血清转铁蛋白基因的原核表达并制备其多克隆抗体，利用基因特异性引物从黄鳝肝脏 cDNA 中扩增黄鳝转铁蛋白的 C 端序列，亚克隆至原核表达载体 pET-28a（+）中，构建 pET/Tf-C 重组表达载体；转化大肠杆菌 BL21（DE3）后进行 IPTG 诱导。利用镍离子亲和层析技术纯化 Tf-C 蛋白，并免疫新西兰兔制备多克隆抗体；通过间接 ELISA 技术和组织蛋白印迹技术对制备的多克隆抗体进行检测。本实验成功构建了 pET/Tf-C 原核表达载体，并实现了蛋白的表达和纯化；制备的多克隆抗体效价大于 1∶25 600，并能特异性地识别来源于黄鳝不同组织的血清转铁蛋白。研究结果为黄鳝血清转铁蛋白功能的研究奠定了基础。

血清转铁蛋白（Transferrin，Tf）是存在于动物血清中的一种重要铁离子结合蛋白，在机体铁离子代谢和平衡调节中起重要的作用，还作用于呼吸、细胞生长和增殖及免疫系统调节等过程。典型的转铁蛋白分子是一条分子量约 80 ku 的单链多肽，由 N 端、C 端和铰链区组成。鱼类的血清转铁蛋白在鱼类健康养殖方面具有重要的应用前景。近几年就有包括尼罗罗非鱼（Oreochromis niloticus）、白氏文昌鱼（Branchiostoma belcheri）、斑点叉尾鮰（Ictalurus punctatus）等鱼类的转铁蛋白基因被克隆，其重组蛋白的铁离子结合能力、抗菌活性及遗传多样性也成为重要的研究内容。黄鳝是我国重要的经济鱼类，在全国广泛分布。开展黄鳝免疫相关分子的研究对于黄鳝养殖业健康发展具有重要意义。沈志民等开展了黄鳝血清转铁蛋白的分离纯化及结构和性质的初步分析。王博文等从黄鳝血液中提取了血清转铁蛋白，并对其分子量、表面形貌、二级结构进行了表征。但是，目前国内外尚未见在体外重组表达黄鳝血清转铁蛋白基因并制备其多克隆抗体的相关报道。

作者通过构建黄鳝血清转铁蛋白的原核表达载体，利用大肠杆菌表达重组蛋白，经过亲和层系技术纯化该蛋白，同时免疫新西兰兔制备多克隆抗体，分析多克隆抗体的效价及特异性。将为进一步研究黄鳝血清转铁蛋白在铁离子代谢和免疫系统中的作用提供基础资料。

一、材料与方法

（一）材料

含黄鳝转铁蛋白基因的质粒 pE-Tf（本实验室保存）；限制性内切酶、LA Taq DNA 聚合酶（大连宝生物）；T1 感受态细胞、BL21（DE3）感受态细胞、pEASY-T1 克隆载体、蛋白质分子量标准（北京全式金）；IPTG、弗氏完全佐剂、弗氏不完全佐剂（Sigma 公司）；HRP 标记羊抗兔 IgG（Proteintech 公司）；DAB 显色试剂盒（武汉谷歌生物）；动物组织总蛋白提取试剂盒（上海贝博生物）；镍离子亲和层析柱（上海七海生物）；其他试剂均为国产分析纯。

（二）原核表达载体的构建

根据作者实验室克隆的黄鳝转铁蛋白基因（序列号：KF500526），设计了基因特异性引物 rc-F（5'-CGGGAATTCGAATGGTGTAATGTGGGC-3'）和 rc-R（5'-CACGCGGCCGCCT GTCTGAGTGATTTCATGGC-3'）以扩增转铁蛋白基因的 C 端序列。上游引物添加了 EcoR I 酶切位点，而下游引物添加了 Not I 酶切位点。将扩增产物经过酶切后回收纯化，与进行同样双酶切的 pET-28 a 进行 T4 连接酶连接。连接产物转化 T1 感受态细胞后进行菌液 PCR 扩增、双酶切和序列测定验证，经过测序正确的质粒命名为 pET/Tf-C。

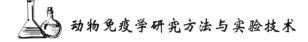

（三）重组蛋白的诱导表达

将重组表达载体转化大肠杆菌 BL21（DE3），涂布于 50 μg/mL 的卡那霉素平板上进行 37 ℃过夜培养。挑取阳性转化子于卡那霉素 50 μg/mL 的液体 LB 培养基中 37 ℃、230 r/min 摇培至指数生长期后添加 IPTG，至浓度为 0.1 mmol/L，培养 4 h。取适量菌液进行超声破碎，加入 5× 上样缓冲液进行 12 %SDS-PAGE 电泳检测目标蛋白的表达情况。

（四）重组蛋白的纯化

将上述阳性菌株按照 1 ：100 的比例接种于 1 L 含有 50 μg/mL 的卡那霉素的新鲜液体培养基中 200 r/min 37℃恒温培养 8 h。离心收集菌体，用 50 mmol/L 的 PBS（pH 8.3）悬浮菌液，进行超声波破碎。超声波破碎后收集沉淀部分，用裂解缓冲液（6 mol/L 盐酸胍，20 mmol/L 咪唑，50 mmol/L PBS pH=8.3）洗涤 3 次后，加入适量裂解缓冲液溶解，上清液经过滤后用 5 mL 的亲和层析镍柱 His-Binding-Resin 进行纯化，纯化的蛋白经含 6、3、1.5、0.5、0.1 mol/L 的盐酸胍缓冲液梯度透析复性后，使用透析袋浓缩，用 BCA 法测定蛋白含量。

（五）多克隆抗体的制备

将 500 μg 经纯化的蛋白和等体积弗氏完全佐剂进行充分乳化后采用皮下多点注射法免疫新西兰大白兔。每次间隔 1 周，共免疫 5 次。自第 2 次免疫开始，用 500 μg 融合蛋白混合不完全弗氏佐剂进行加强免疫。最后一次加强免疫后 1 周采全血分离抗血清，并于 -80℃分装保存。

（六）多克隆抗体的效价分析

以纯化的融合蛋白为包被抗原，以第一次免疫前采集的兔血清为阴性对照，将兔抗 Tf-C 蛋白多克隆抗体进行 1 ：200 ～ 1 ：51 200 倍比稀释，以 HRP 标记的羊抗兔 IgG 为二抗，以 3，3′，5，5′ - 四甲基联苯胺为底物显色液，进行间接 ELISA 分析。以免疫血清样品 D450 值 / 阴性对照血清 D450 值 ≥ 2 时为阳性作为判定标准，将制备的多克隆抗体的最大稀释度作为该抗体的有效效价。

（七）多克隆抗体特异性的 Western Blot 分析

首先将含有空白质粒的菌株总蛋白、阳性菌株总蛋白和纯化的蛋白进行 SDS-PAGE 电泳，然后将蛋白转至 NC 膜上。用制备的抗血清进行 1 ：200 倍稀释后作为一抗，用 HRP 标记的羊抗兔 IgG 为二抗进行多抗的特异性检测。

利用动物组织总蛋白提取试剂盒提取黄鳝肝脏、脾脏、肌肉、肠和血液共 5 种组织的总蛋白。取 50 μg 各组织总蛋白进行 SDS-PAGE 电泳，然后将蛋白转至 NC 膜上。用制备的抗血清进行 1 : 200 倍稀释后作为一抗，用 HRP 标记的羊抗兔 IgG 为二抗进行多抗的特异性检测。

二、讨论

铁离子代谢平衡对机体维持活性氧运输、电子传递和 DNA 合成等过程至关重要。血清转铁蛋白和其受体一起在调控细胞内铁离子代谢平衡及降低 Fe^{3+} 转化为 Fe^{2+} 对细胞造成细胞毒性的解毒过程中具有重要作用；并且它们还是重要的免疫相关分子。国内外鱼类育种学家已开展了诸多鱼类转铁蛋白基因的分离、遗传多样性分析及其与先天免疫的关系等的研究。鱼体中的转铁蛋白也被认为是抗菌性非特异性体液免疫机制的重要组成部分。黄鳝作为我国淡水养殖业中重要的经济鱼类，其健康养殖和可持续性发展受到了出血病等多种细菌性病害的影响。黄鳝抗病分子育种的研究亟须分离和鉴定黄鳝免疫相关基因并开展功能研究以应用于养殖实践。黄鳝血清转铁蛋白基因的分离和鉴定为这种需求提供了基本条件。

人类的血清转铁蛋白的蛋白结构是由一个 N 端和一个 C 端及中间短小的链接区组成的两个相对独立的功能单位构成的。N 端和 C 端都具有 Fe^{3+} 的高亲和性和可逆的结合位点；造成这个现象的原因很可能是早期的转铁蛋白基因进行了加倍和融合，从而提高了铁离子结合能力。黄鳝血清转铁蛋白也和其他脊椎动物一样具有 N 端和 C 端结构。作者利用其 C 端重组蛋白制备的多克隆抗体能够特异性地识别各组织总蛋白中的血清转铁蛋白，一方面证实了血清转铁蛋白的组织分布是较为广泛的，另外一方面提示只采用 C 端基因序列进行重组表达蛋白进而制备多克隆抗体是可行的。黄鳝血清 Tf-C 多克隆抗体的制备为进一步研究黄鳝血清转铁蛋白的功能奠定了基础。

第六章 血凝实验

第一节 血凝和血凝抑制实验

血凝和血凝抑制实验在实际操作中被广泛使用，主要是因为该实验步骤简单，不需要长时间等待实验结果，最为重要的是实验结果在很大程度上具有代表性，能够为人们所接受。通过实验既能起到保护动物健康的作用，同时，又能为养殖户提供禽类疾病的预防建议，书中结合实际经验叙述血凝和血凝抑制实验的方法及注意事项，具有非常重要的现实指导意义。

一、血凝和血凝抑制实验理论和方法

何谓血凝和血凝抑制？前者主要是病毒与血液中的红细胞发生的凝集。当发生凝集现象时，在反应中加入具有抑制作用的物质来阻止凝集，这就是血凝抑制。通常这种物质是具有特异性的血清。不管是两种实验中的哪一种，其主要的检测对象都是血清抗体。血凝实验的对象一般是选取一种或者是两种以上的动物，在具体的实际操作过程中所采用的是标准抗原同鸡红细胞。为了达到实验效果，将病毒或者是还有血凝素的病毒加入抗原同鸡红细胞中，二者之间就会发生凝集作用。

相较于血凝实验，要想达到抑制凝集反应的效果，首先要做的是在含有病毒的悬液中加入一些抗体。为了保证实验效果，对这些抗体有一些客观上的要求，一方面要求抗体具有特异性，另一方面要求在实验量上的保证，要确保能够达到抑制效果。否则，红细胞将继续发生凝集反应。

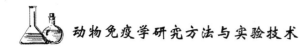

二、被检样品

（一）采样

首先确定实验对象的范围，然后采取一定的抽样方法选取检测样本。在保证所采集的样本能够充分代表整个实验对象的前提下，通过随机抽样的方式按照不同的标准进行样本采集。对属于同一批次的，按照 3% 的比例随机抽样。对样本的采集数量也有一定的要求，必须不能少于 30，如果低于这个样本数量的话，那么实验检测出来的结果是不具有代表性的。

对所抽选的样本进行采样后，要在第一时间内送检。如果出现特殊情况影响了送检安排，就必须按照要求对采样标本进行预处理，要严格掌控血清分离的时间。在实验中，要非常注意对时间的把握。如果分离的时间过长的话，会降低抗体的效价。

（二）被检血清

在采集完样本后，为了达到能够自然析出血清的效果，我们在实验中要完成以下两个步骤：一是将采血器向后回抽 2 ～ 3 mL，二是在前一步骤的基础上留出空隙，将盛放血清的容器按照一定的角度进行放置。在实验过程中，要充分考虑到外部环境的温度因素。如果实验是在夏天进行的话，那么就可以将其放在室内。如果是冬天，应该将温度控制在 37℃，要在室内进行析出。如果样本中出现了血清不易分离的现象，或者是成胶冻状的话，那么说明所采集的血清抗体含量不均匀，这将会给实验结果带来非常大的误差。在实验中，对已经分离好的血清按照不同的情况进行处理。如果能够在短期内检测，如一周以内，那么就将样本血清放在 4℃ 冰箱内保存；如果要等待较长的时间，那么就应将样本血清存放在 -80 ～ -20℃ 的冰箱内，而且在对样本运输的过程中，要确保温度适宜，可以用冰块来满足样本血清对温度的需求。

（三）反应板

在反应板的选择上，选用可以一次性使用的 96 孔 V 型板。在实验过程中，首先要确保板的质量合格，如果不合格，会造成严重的实验结果偏差。还要充分保持反应板及凹孔的干净，除了干净之外，还要保证板的平整度，在实验过程中不能有任何的失误。反应板放置的角度也会影响到实验的结果，主要是因为放置角度的不同会在一定程度上影响红细胞的沉降速度，角度的过大或者是过小，会产生不同的结果。

如果实验中选取的不是一次性使用的反应板，那么在重复使用反应板的过程中，要做好反应板的清洁工作，没有清洁干净的反应板会造成实验结果的不可靠。如果盛放样本血清的容器中有红细胞残留的话，那么会给这两种实验带来不同的影响，对血凝实验，会造成效价偏低，而对抑制实验，会造成相反的结果。

在实验过程中，要保证反应板在一定时间内的静止，不能出现晃动。如果在实验中，我们对反应板进行过多操作的话，不停地将其拿在手中进行观察的话，会严重影响实验的凝集效果，这样就会造成血凝实验效价偏低，而抑制实验结果偏高。因此，在进行这两种实验时，要有一定的耐心，给实验充足的反应时间，不急于一时，只有这样才能保证两种实验的效果。

三、抗原效价的测定及配制

（一）抗原的保存

一般在进行这两种实验时，所用的抗原是有两种不同形态的——液体和干粉。但是不管抗原以哪种形态存在，都应该将其在 -20℃ 的温度下进行保存。在进行抗原效价测定时，为了获得更好的实验效果，可以将同样的抗原进行混合使用，而且进行多次实验，通过多组实验结果的对比，进行适当的平均，以使得实验结果更加有效可靠。

出现以下情况时，会使得抗原的血凝价效价降低。比如外部温度变化频繁。在实验中，如果出现已经测定好血凝价的抗原有多余的情形，应该将多余的抗原重新装置，一般将其放置到经过杀菌处理后的离心管中。装置完以后，要在管上标明相关基本信息、时间和效价，以便下次实验中继续使用。在存放过程中，切忌反复冻融，如果这样多次操作的话，会使得血凝抑制滴度提高，一般血凝价相差的滴度与血凝抑制价相差的滴度相一致。

（二）稀释液

实验中所用的稀释液在酸碱性上有非常具体明确的要求。应采用酸碱值为 7.2 的 PBS 缓冲液。之所以会以这样的标准进行选取，主要是为了让红细胞能够更加容易地发生自凝。如果采用酸碱值过高的稀释液的话，会造成凝集的红细胞洗脱加快，使得凝集价检测偏低，凝集抑制价偏高。实验的每一步操作都

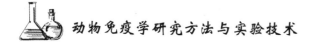

是为了提高实验结果的可靠性。在 PBS 液的配制上，尽量做到什么时候用什么时候进行调制。在时间方面，要严格掌控稀释液的配制时间。长时间暴露在周围环境中，会使得稀释液受到污染，这样会滋生细菌，给实验结果造成偏差。

四、温度对实验值的影响

在整个实验过程中，环境温度起到了一个至关重要的作用。在一定的温度范围内，血凝和血凝抑制的滴度会随着温度的提高相应地做出提高反应。如果室温低于 4℃，红细胞会发生自凝。同时，外部环境的温度会影响到实验的反应速度。如果温度过高，使得反应在短时间内就完成，不容易被观察记录。实验证明，在 37℃时，实验结果出现得最快，随着温度的升高，会出现反应物解离和红细胞溶血现象。反应过程要尽量在恒温箱中进行，要求恒温箱温度能精确保持在设定的温度。

正常实验在 20 ～ 25℃的条件下进行。在实验开始 30 min 后，对实验中产生的现象进行观察记录，然后，每隔一段时间记录一次，直到出现最佳观察结果为止。

在整个实验过程中，除了外部环境温度会对实验结果产生影响外，其他细节因素也会左右实验结果。每个影响因素的存在既是独立的，又是交织在一起的。所以，在实验中，我们一定要严格遵守实验操作规则，尽可能地排除人为因素对实验结果的影响。我们可以通过多组实验的重复操作，来减少实验中出现的偏差；同时，在进行实验时，实验人员要有过硬的专业技术和实践经验，只有做好每一步，才能保证实验结果的可靠，为实践提供现实指导。

第二节　猪血凝性脑脊髓炎实验室诊断方法

猪血凝性脑脊髓炎（Porcine Hemagglutinating Encephalomyelitis，PHE）是由冠状病毒属的血凝性脑脊髓炎病毒（Hemagglutinating Encephalomyelitis Virus，HEV）引起的一种急性、接触性传染病。主要感染幼猪，以呕吐、食欲废绝、便秘、进行性消瘦、腹泻及中枢神经系统功能障碍为特征，临床上也称之为仔猪呕吐—消瘦病，病死率在 20% ～ 100%。1958 年该病在加拿大的安大略省首次暴发，此后在世界各主要养猪国家都相继发生。我国于 1985 年在北京郊区某种猪场首次报道发生 HEV 感染。赵传博等应用血凝抑制试验（HI）检测辽宁省部分地区猪血清中 HEV 抗体阳性率高达 44.0%；刘立卓等应用 HI 方法对从山东省部分地区采集的 178 份猪血清样品进行了 HEV 抗体检测，抗体总体阳性率高达 61.24%。由此可见该病在养猪场很普遍，对养猪业威胁严重，但很多养猪场乃至基层从事养猪的科研工作者对该病都很陌生。因此对该病相关实验室检测研究进展进行综述很有必要。

防治该病的关键措施之一是对该病病原的确诊。该病在症状上与猪伪狂犬病、猪瘟、猪繁殖与呼吸综合征等相类似，仅凭流行病学调查、临床及剖检诊断无法鉴别，确诊必须依靠实验室诊断。自 20 世纪 50 年代末期首先发现该病以来，科研工作者对该病实验室诊断方法进行了大量的研究，取得了显著成绩。以下就该病实验室诊断方法研究进展进行如下综述。

一、病毒分离鉴定

首先采集疑似 HEV 感染病猪的脑、脊髓、呼吸道分泌物等组织。然后将病料组织研磨，反复冻融，过滤除菌处理，接种于长满单层的易感细胞如猪肾原代细胞或甲状腺单层细胞中培养 72 h，观察有无融合细胞出现。如果有 HEV 存在，即可在接种后 24 h 至 48 h 出现融合细胞。最后将分离后的细胞病毒液收集后，反复冻融，透射电镜观察病毒粒子形态应呈典型的冠状病毒。

二、血清学诊断

（一）血清中和试验

首先将待检血清 56℃ 30 min 进行灭活，将 PHEV 病毒液与不同稀释浓度的待测血清按照 1 : 9 的比例均匀混合，37℃温箱孵育 1 h；其次将每个滴度混合后的悬液加入长满单层胎猪肾细胞的试管中；最后培养 72 h 后，检测培养液的鸡红细胞的凝集活性。以此来检测病毒是否在细胞上增殖。通常中和抗体的效价为 1 : 8 或更高，可判为阳性，否则判为阴性。

（二）血凝抑制试验

血凝抑制试验主要用于检测待检血清对红细胞凝集的抑制情况。在此试验中，通常要设定已知的阴性血清、阳性血清、红细胞、抗原以及不加抗原的待检血清作为对照，同时，要在保证各对照孔没有错误的情况下，对结果进行评价和分析；最后以结果中出现完全抑制的血清稀释倍数为 HI 效价。应用本法检查被检血清的红细胞凝集抑制价在 1∶40 以上判为阳性。周铁忠等用 HI 检测辽宁各地区 HEV 感染情况，结果显示阳性率为 49.6%。贺文琦等应用 HI 检测了从吉林省部分地区采集的猪血清中 HEV 抗体，阳性率高达 44.3%。HI 方法的建立对 PHEV 的诊断和防治是一种非常实用的技术手段。

（三）琼脂扩散试验

首先制作琼脂糖平皿，然后分别在中间和周围打孔（中央孔与周围孔的间距一般以 3 mm 为宜）。在中间的孔中加入抗原，待检血清、阴性和阳性血清分别加入周围孔中；将琼脂糖平板皿放置湿盒内，然后将湿盒置于 37℃条件下培养 24～48 h，观察特异性沉淀线。如果抗原与待测血清产生的沉淀曲线与抗原与阳性对照的血清作用产生的沉淀线相融合，则可判断该待测血清为阳性，不出现曲线则为阴性。该方法操作简单，可以用于 PHEV 血清抗体的流行病学调查。

（四）酶联免疫吸附测定法

酶联免疫吸附试验原理是采用抗原与抗体的特异反应将待测物与酶连接，然后通过酶与底物产生颜色反应，用于定性或定量测定。测定的对象可以是抗体也可以是抗原。方法简单，方便迅速，特异性强，敏感度高，已在多个领域得到广泛应用。

赵传博等用 HEV 的单克隆抗体作为检测抗体、HEV 的多抗作为捕获抗体，建立了检测 HEV 的抗原捕获 ELISA 方法，抗原捕获 ELISA 阳性检出结果与 PCR 方法相一致。单长见等以 HEV 纯化的 N 重组蛋白作为包被抗原，建立检测 HEV 血清抗体的间接 ELISA 方法，用该法对天津市地区采集到的 200 份猪血清样品进行检测，阳性检出率为 83.5%；刘立卓等以纯化 HEV 为包被抗原建立检测 HEV 血清抗体的间接 ELISA 方法，应用该 ELISA 方法对从山东地区猪血清中随机抽取的 44 份样品检测 HEV 抗体阳性率为 72.73%。

三、分子生物学检测技术

目前运用于检测 HEV 的分子生物学检测技术主要是 RT-PCR 技术和荧光定量 PCR 检测技术。

RT-PCR 即逆转录 PCR，是将 RNA 的逆转录（RT）和 cDNA 的聚合酶链式扩增反应相结合的技术。RT-PCR 技术的优点是灵敏，缺点是易被污染。该方法已经得到了比较广泛的应用。常灵竹等根据基因银行 Gene Bank 中登录 HEV 的 HE 基因和 S 基因设计了一对引物，建立快速检测 HEV 的 RT-PCR 方法，检测与 HEV 亲缘性较高的牛冠状病毒及猪的伪狂犬病毒均为阴性，最低可以检测到 10 个 TCID50/100 μL 的病毒，说明该方法有较好的特异性和敏感性。

荧光定量 PCR 是 1996 年由美国 Applied Biosystems 公司推出的一种新定量实验技术，它通过荧光染料或荧光标记的特异性的探针，对 PCR 产物进行标记跟踪，实时在线监控反应过程，结合相应的软件可以对产物进行分析，计算待测样品模板的初始浓度。臧德跃等根据 Gen Bank 中的 HEV 的 S 蛋白基因保守序列设计合成一对特异性引物，建立了检测 HEV 的 SYBRGreen I real-time PCR 方法；应用该方法对采集的 20 份疑似 HEV 感染病料进行检测，其中 16 份为阳性，而用常规 PCR 检测同样的样品，仅 8 份为阳性，由此可见该方法较常规 PCR 方法敏感得多。

HEV 主要侵害 1～3 周龄乳猪，被感染仔猪发病率和死亡率都达 100%。成猪一般为隐性感染，但可排毒。对发病仔猪进行 HEV 诊断及对成猪隐性带毒 HEV 筛查均依靠 HEV 实验室诊断。

第三节　兽医实验室技能竞赛血凝抑制试验技能培训

一、培训的组织

（一）积极争取主管部门支持

各市级、县级农业主管部门都积极倡导兽医实验室检测人员参加各级兽医实验室检测技能竞赛，进一步形成"自上而下倡导、自下而上争取"的双促双升良好局面。一方面，以竞赛为手段培养兽医实验室人员操作技能；另一方面，在省级竞赛乃至国家级竞赛中拿到相应的名次和奖项，既是该地区兽医实验室水平和人才储备实力的充分体现，同时所取得的荣誉对实验室人员个人职称的晋升也有重要的帮助。

动物免疫学研究方法与实验技术

（二）严格按照技能操作标准开展

血凝抑制试验（新城疫抗体水平检测）以国家职业标准动物疫病防治员（三级）技能要求为基础，依据《新城疫诊断技术》（GB/T16550—2008）标准，确定技能竞赛操作标准和规程。要求兽医实验室检测人员在日常操作中严格按照竞赛操作标准规范操作。

（三）认真研读竞赛评分标准

指导教练需要逐项研究上级竞赛承办方下发的竞赛评分标准，沟通咨询承办单位，搜集各项竞赛权威解释，并整理归纳近几年参赛真题资料中的考点及重点。一方面，国标方法不可能对竞赛评分标准中每一个操作细节进行具体说明；另一方面，各个地区的操作流程也各有侧重。因此，竞赛提供的评分标准需要专业解读，如"配制适量的红细胞悬液"，实际操作中多少容积算为"适量"各方有各方的理解，所以每个地区有每个地区相应的竞赛标准。所谓"仁者见仁智者见智"，作者曾作为选手多次参加近年江苏省兽医实验室技能竞赛及比赛活动，在竞赛和培训过程中将自己的感受做一积累，每项操作注重强调细节以及容易失分的关键点，这需要在培训中为选手进行针对性的解读，从而使参赛选手在重点环节有重点地发挥。

（四）全面考虑竞赛选手选拔

选拔参赛选手时注重对选手细心认真、操作熟练两方面的考查，更重要的是参赛选手要有较好的心理素质。培训时可每两人一组，选手间可共享资源，也可以独立完成，并能应对突发情况。首先进行理论培训和考核，并在该轮次中筛选出理论功底扎实、应试能力较强的兽医实验室人员作为种子选手。该轮培训一般由各县市区兽医站推荐1～2名选手参加培训。在选拔过程中我们发现：一方面，新进人员刚走出校园，思维敏捷，理论基础和理解能力都优于年长者，选手大多理论基础较好，但动手能力较差，因为学校缺乏相关课程设置或实践动手机会较少，需要经过较长一段时间的实践和摸索才能成功采集鸡血；另一方面，长期从事兽医实验室工作者，技术熟练，统筹安排能力较强，但存在知识更新速度慢，对于实际问题的机理理解和解决较慢等问题。因此，如何在现有的动物防疫队伍中选择合适年龄段的选手是个关键。在态度方面，对于参加培训不积极主动、试验操作中缺乏维护实验台面卫生意识、欠缺生物安全意识的选手应尽早让其退出。对筛选留下的选手，严格按照竞赛规程和评分标准开展区域内技能竞赛，让真正优秀的选手脱颖而出，选拔心理素质过硬、勇于担当、现场表现最稳定的选手参加更高一级的竞赛。

二、培训的过程

（一）实验材料准备

竞赛时应按照规范为每组选手配备齐全仪器设备、实验试剂和采集红细胞的公鸡（一般需三只以上）。仪器设备是竞赛的前提保障，仪器设备陈旧、操作器械使用不顺手、红细胞悬液品质不佳等，都会严重影响选手实验操作及竞赛结果。因此，只有保证实验操作台和仪器设备齐备，才能够多组选手同时进行实验以及举行地区内技能竞赛，让更多选手感受到技能竞赛氛围，从而促进日常检测工作。

（二）红细胞的制备

采血能否成功以及红细胞悬液能否成功制备是决定实验进度和成败的直接因素，而这同时也会影响选手的竞赛心理。首先，规范采血前的准备工作、采血技术、采血过程中如何避免发生溶血等；其次，在洗涤鸡红细胞过程中加入生理盐水（或 PBS）的体积、离心转速和时间的确定、洗涤次数等都须按规范操作；最后，根据检测样品的数量，计算试验所需 1% 红细胞悬液的总量，并准确熟练地配制悬液。

（三）抗原与血清

抗原应在首次开封后分装冷冻保存，以后实验按需取用，避免因反复冻融而降低抗原的血凝效价。每次实验前都必须重新测定抗原血凝价。阴性血清和阳性血清也应进行分装冷冻保存，并避免反复冻融。待检血清样品可冷冻保存，防止腐败变质。

（四）血凝实验

血凝反应板使用前需保证洁净（也可使用一次性血凝反应板），并进行标记，依照规范加样、振荡、静置。按规范注意使用多道移液器、红细胞悬液的加入、振荡强度和时间以及静置时封板的细节事项。对于血凝实验结果判定，首先以阴性对照成立为前提，以完全凝集红细胞悬液的病毒抗原的最大稀释度为该病毒的血凝价，并以 1 ： $n\log2$ 形式表示实验结果。

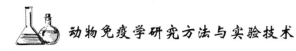

（五）单位抗原的配制

根据血凝实验血凝价来配制 4 单位病毒抗原。计算 4 单位病毒抗原的操作方法和用量都须按规范进行操作，并注意清晰标记。需要注意的是病毒配制过多不仅容易造成病原浪费，也存在污染的风险。

（六）血凝抑制实验

首先对血凝反应板清晰标记，加样步骤、振荡、感应作用时间等都按照新城疫诊断技术规范进行。血凝抑制实验的结果判定是在病毒对照完全凝集、阴性血清对照完全不凝集的情况下，将能完全抑制红细胞凝集的血清最大稀释度确定为该血清样品的血凝抑制价。

（七）报告单规范化和实验台整理

在实验过程中应及时填写 HA/HI 检测报告单，并在相应时间节点向评委举手示意，请评委来评判实验步骤和结果是否准确，否则会被视为违规或步骤缺失而被扣分。报告单中逐项填写血凝价、4 单位抗原稀释度和血清样品的血凝抑制价等。

整理实验工作台面是竞赛过程的收尾环节，也是日常检测工作中的重要环节。实验废弃物和已使用工具的处理以及移液器的复位等细节都应全面规范。只有选手在熟悉整个竞赛流程后，才能更好地进行竞赛。数天进行一轮模拟竞赛，反复强化训练，积累临场经验，提高心理素质，增强应变能力，锻炼选手在竞赛压力下有序操作和冷静思维的能力。

三、培训的效果

（一）专业能力

经过技能竞赛的数轮培训，进一步规范参赛选手对"新城疫抗体检测"的操作，使其反复练习操作步骤，通过实践充分理解其原理，发现不足、不断改进，进而提升参赛选手的知识水平和专业技能。

（二）方法能力

竞赛培训过程中，需要培训人员与参赛选手一起查找资料、搜集信息，促使选手学会从各种媒体搜集专业信息；对于每轮模拟竞赛，要求每名选手都进行经验总结、整理归纳、发现问题、优化时间安排等，提高其分析问题和解决问题的能力，提升其科学思维的能力；启发选手通过设计实验来检测实际生产中遇到的各种问题。

（三）社会能力

通过规范化和标准化的操作规程，使选手深入理解操作规程背后的原因，培养选手高度的责任感、强烈的事业心以及实事求是的科学态度；通过小组讨论沟通，培养选手临场表达能力、应变能力和人际沟通能力；通过团队参赛的形式，培养选手良好的团队意识和合作精神。

作者曾指导选手参加过省级兽医实验室技能比武。培训过程中，选手的实验思维进一步逻辑化、缜密化，实验操作进一步规范化、标准化，切实提升血凝抑制实验检测水平，提高了日常工作效率。一定程度上讲，该项竞赛受益的不只是部分"种子选手"，还可普及全体兽医实验室检测人员，若在地区内举行更大范围的初赛则能更好地达到团队整体提高的目的。除了地区内交流，各县市区之间也可相互学习，比学赶超。此外，建议竞赛组织者在赛前公布更为细致的评分标准，而不是作为内部资料只对评委公布。同时，也可在赛后对竞赛做总结通报，指出选手的不足之处，让培训人员和参赛选手共同总结提高，从而提高兽医实验室检测队伍的整体水平。

第四节　血凝抑制实验中常出现的误差及解决办法

近年来，为了加强动物疫情监测工作，及时掌握疫情动态和免疫效果，有效地防止疫情发生和传播。张掖市禽流感春秋两季和日常监测免疫抗体工作量逐年增加，血凝和血凝抑制实验是目前实验室检测禽流感中最常用的方法，此方法在实践中虽然操作简单，判定结果方便，却很容易因为操作不规范、技术不正确而影响实验结果的准确性。作者对影响实验结果准确性的因素进行了简单分析讨论，以供同行参考。

一、抗原的标定

禽流感血凝抑制实验中必须对抗原进行标定，这是非常重要的环节。通常所用的抗原为 H5 亚型（Re-4 或 Re-6 株）抗原，同一批号的抗原同时标定两瓶以上，最好用 110° V 型板进行标定，重复做几板，以保证每板 4 排结果的准确性和一致性，以减少误差。HA 标定滴度过高或过低都会影响 HI 的结果。过高，HI 滴度偏低；过低，HI 滴度偏高，甚至很高。配成 4HAU 抗原后，为防止抗原配制不准确，可做抗原回归实验，若有 2 孔凝集，则视为抗原配制准确，如果抗原回归实验不成立，则需要调整 4HAU 抗原的浓度，至抗原回归实验成立为止。

二、红细胞的配制

由于鸡的个体差异，红细胞对病毒的敏感性也不同，从而对 HI 效价产生影响，一般需要将 3 只以上非免疫公鸡提供的红细胞混合在一起，来减少自凝现象的干扰。有抗体鸡提供的红细胞需要多洗涤几次，以减少血液中抗体对实验结果的影响。洗涤时要去除表面的白细胞膜，洗好的红细胞浓度应在 0.5%～1%，经过多次实践红细胞浓度为 0.75% 比较合适，浓度为 1% 时沉降的血点过大，浓度为 0.5% 时，沉降的血点太小，不易判断，而且沉降速度慢。红细胞浓度过高或过低都会影响 HI 滴度的准确测定。有的鸡红细胞沉降慢，静置 30 min 仍不能沉降下来。因此，配制好的红细胞，一定要先观察血沉质量，不合格的不能使用。

三、稀释液的配制

稀释液（PBS）的 pH 值在 7.0～7.2 时红细胞沉淀最充分，呈现的图形也最清晰。稀释液的 pH 值在 5.8 以下，红细胞易自凝；pH 值在 7.8 以上凝集的红细胞易洗脱加快。pH 值为 7.2 的稀释液要 121 ℃灭菌 15 min 后 4 ℃保存备用，配制好稀释液时间不宜过长，否则会污染，出现实验不成立或跳孔等现象。如果用生理盐水代替 PBS 液，最好使用新开瓶的灭菌生理盐水，配制稀释液时要注意结晶水的问题。

四、时间和温度

时间和温度对实验结果也有影响，要求室内温度在 20～25 ℃进行实验，室内温度不适宜的应置于恒温箱内。因为温度低于 4 ℃时红细胞有时会发生自凝现象，且反应速度慢；高于 37 ℃时，凝集的红细胞易洗脱，红细胞沉降很快，导致实验不成立。对于抗原与抗体的作用应在规定的时间及时观察，时间过短出现凝集不完全；时间过长出现洗脱现象；超过 10 min，红细胞发生裂解，结果不再有意义。

五、血清稀释的混合程度

稀释血清时，如果混合不均匀，结果会出现差异，因此稀释时要来回吹打 10 次以上。在稀释前先要按下移液器再插入反应板的每一孔孔底，来回吹打时手不要完全按下放开，在一个小的范围内吹打，最后慢慢放开手吸取液体后插入第二孔液面以下，这样孔内和吸头内不易产生气泡，且稀释充分。在反复抽取过程中，移液器吸头不要离开液面，防止产生气泡和液体溅出孔面，造成移液体积不准确，影响检测结果的准确性。另外，连续加样时要用倒吸法。

六、V 型微量反应板

反应板的质量和清洁度对凝集反应有着不可忽视的影响，反应板透明度要好，凹孔要干净，孔内壁光滑透明，板面水平，不能弯曲、倾斜。实验中应采用 90° V 型或者 110° V 型微量反应板，如用不同角度 V 型微量反应板混用和使用陈旧反应板对实验结果的准确性也会产生一定的影响。

七、HI 的判定方法

实验时要做红细胞对照、阳性血清对照和阴性血清对照。一般来说，阳性血清对照的时间相对长些，在红细胞完全沉降的前后 5 min 内判定实验结果较好，判断结果时，将 V 型微量反应板倾斜 45°，孔底沉淀的红细胞流动性好，呈泪珠样流淌，边缘无凝集颗粒的为凝集抑制。

总之在进行禽流感血凝抑制实验时应综合考虑各方面因素，制定一个标准化操作方法以免对结果判断产生误差，只有实验标准化才能正确评价疫苗免疫存在的意义，也只有在标准化评判过程中才能得到正确的结论。

第七章 酶联免疫吸附实验及检测

第一节 酶联免疫吸附实验检测 HIV 抗体影响因素

通过对酶联免疫吸附实验检测 HIV 抗体的检测前、检测中和检测后各相关影响因素的分析，探讨各因素对结果的影响，以便寻找解决的方法和加强质控管理，从而保证检测结果的准确性和精确性。

酶联免疫吸附实验因其操作简单、灵敏度高、特异性好、价格低廉等特点成为 HIV 抗体初筛实验的常用方法。优质的试剂、良好的仪器、正确的操作和高素质的技术人员是保证检测结果准确可靠的必要条件。由于 ELISA 法检测结果受很多因素影响，其中任何一项因素都可造成 HIV 抗体假阴性和假阳性结果的发生。因此，必须加强 HIV 抗体初筛实验室的全面质量控制，保证其结果的准确可靠。作者从事多年的 HIV 抗体检测工作，现将影响因素分析如下。

一、检测前

（一）试剂

1. 试剂的选择

优质的 HIV 抗体试剂是保证结果质量的基础。试剂要从灵敏度、特异性、精密度、稳定性、简便性、安全性和经济性等方面做出全面的评价，根据实验室要求选择灵敏度高（精密度高，CV 值小于 15%）、特异性好的试剂。试剂的选择很关键，可通过厂家了解试剂包被物的组成，如原料来源（基因组成或合成多肽）、片段组成（按比例组成或化合组成）、片段长短等，进而判断抗原、抗体包被的完整性和特异性。根据试剂批号检定报告了解其质量水平和试剂的优劣，还可以通过室间质评报告对试剂的评价结果来客观评价并选择适合实验室的试剂。要选择和订购长效批号的试剂，避免试剂批号改变而重新建立质量控制体系。

2. 试剂的储存

试剂应储存在 2～8 ℃冰箱中，力求温度恒定，并防止阳光照射。试剂盒中有3个主要的试剂，即免疫吸附剂、酶结合物和底物。酶结合物具有生物活性，保存不当极易失活；底物容易被氧化，产生颜色变化。因此，必须加强试剂的储存管理，防止试剂失活和氧化。

（二）标本

血清是最常用的标本。酶联免疫吸附实验中标本的质量是影响结果的关键因素之一，标本的干扰物质容易引起假阳性或假阴性的结果。干扰分为外源性干扰和内源性干扰。外源性干扰：细菌污染、溶血、凝固不全、反复冻融和标本相互污染等；标本放置 4 ℃冰箱冷藏一般不超过 5 d，如果保存过久，其中的蛋白质可能发生聚合，可使本底加深；冻结的标本要融化后充分混匀，为防止蛋白质局部浓缩、分布不均，应充分轻轻混匀，避免产生气泡；浑浊或有沉淀的样本应先离心澄清后再检测；防止反复冻融，引起效价降低。内源性干扰：一般包括类风湿因子、补体、高浓度的非特异性免疫球蛋白、异嗜性抗体及某些自身抗体等，内源性干扰因素主要通过选择合适的试剂来避免。干扰产生的影响有如下几方面：①标本溶血时释放大量具有过氧化物酶活性的物质，增加了非特异显色，干扰测定结果；②标本被细菌污染，菌体中可能含有内源性HRP，从而导致产生假阳性反应；③血清标本应充分离心，否则可因凝固不全、纤维蛋白原非特异吸附于微孔内而造成假阳性结果。

（三）仪器

酶联免疫吸附实验中会用到移液器、水浴箱或恒温箱、洗板机、酶标仪等。移液器是一种比较精密的工具，要求比较高，必须定期对加样器进行维护和校准。每次加样需更换吸嘴，以免交叉污染。水浴箱温度要准确恒定；洗板机要定期维护，准确检测残液量。

二、检测中

（一）加样

在 HIV 抗体检测中加样 3 次，即加标本、加酶结合物、加底物。加样时要将所加物加入板孔底部，避免加在孔壁外部，产生气泡，吸取样品速度要均匀，保证加样量准确；加完样品要在微量振荡器上震荡 1 min 以保证混合均匀。

（二）温育的时间和温度

要力求温育的时间和温度。酶联免疫吸附实验属于固相免疫测定，抗原、抗体的结合只在固相的表面发生，样品中的抗体并不是都有均等的机会与固相的抗原结合，而是最贴近孔壁的一层溶液中的抗体直接与抗原接触，而抗体和抗原的结合是一个逐渐平衡的过程，因此需要经过扩散才能达到反应的终点，要保证足够的温育时间，才能使产物生成达到顶峰，有的实验室为加快速度，提高反应温度，但盲目提高温度会影响酶的活性。

（三）温育的方式

温育常采用温箱法、微波辐射法和水浴法。其中水浴法能较好地解决因受热不均衡所致周围孔与中央孔结果的吸光度差异（即边缘效应），可将 ELISA 板置于水浴箱中。无论温育还是水浴，反应板不可叠放，以保证各板的温度尽快达到平衡，反应板要贴近水面，温育时要防止挥发或水珠溅入对结果的影响。

（四）洗涤

洗涤虽然不是一个反应步骤，但也影响实验的成败。洗涤的目的是分离游离和结合的酶标记物，通过洗涤来实现清除残留在板孔中没能与固相抗原结合的物质以及在反应过程中非特异性吸附于固相载体的干扰物质。洗液的配制要按照要求进行，太浓会解离包被在固相的抗原，浓度过低会削弱洗涤效果。可以说洗涤是 HIV 抗体 ELISA 法检测最主要的技术，操作者要严格按照要求洗涤，不能马虎，否则将前功尽弃。洗涤包括仪器自动洗涤和手工洗涤。仪器洗涤要注意定期检测残余量，检测吸液针和注液针是否堵塞，及时更换洗液和废液，防止时间过长引起细菌污染和废液倒流；手工洗涤包括浸泡式和流水冲洗式两种。手工洗板要注意孔间的交叉污染和洗涤间隔时间。

（五）显色与比色

显色是 ELISA 法中最后一步温育反应，反应时间和温度仍是影响显色的因素。TMB 受光照影响不大，但 OPD 底物受光照会自行变色，因此，显色反应应避光进行。显色的温度和时间要力求准确充分，并在规定的时间内比色，防止时间过长而褪色。比色时应尽量选用双波长进行比色，这样可以排除干扰，比色前要用吸水纸拭干板底附着的液体，防止孔内产生气泡，从而对测定结果产生干扰。

三、质量控制

（一）开展室内质量控制

室内质量控制（IQC）程序，每次或每天之间不可能没有误差，决定允许的误差范围以临床上不造成误诊和漏诊为准，选择一个弱阳性的室内质量控制品，其 S/CO 值应该在 2 到 4 之间。利用 L-J 质量控制图，认真分析每次失控的原因，要解决失控问题，必须分析失控是随机的还是系统的，随机误差表现为离散度增大，而系统误差是逐渐产生的，如果是系统误差，就要对系统误差进行分析。实验室每月、每一季度要对室内质量控制结果进行分析总结，对当月的均值、变异系数等进行比对分析，及时发现问题，及时采取纠正措施来提高检测结果的可靠性。

（二）外部质量控制

积极参加室间质评能力验证活动，通过室间质评和能力验证，利用实验室间比对来确定实验室检测或校准能力，判断和监控实验室内部质量控制，有效消除偏差，对分析结果起到校准和复核作用。有效地实施能力验证，在实验室质量控制中起着非常重要的作用。要利用实验室间的比对和能力验证来不断提升实验室的能力。

（三）加强人员培训

人员是实验室最宝贵的资源，一个实验室水平的高低很大程度上取决于人员的素质，尤其是关键技术岗位人员的素质，因此，有针对性地加强人员培训，对艾滋病初筛实验室是非常重要的。

第二节　兽医实验室酶联免疫吸附试验操作要点

一、样品的基本知识

以下主要介绍样品采集、处理以及保存的知识。ELISA 测定样品很多，如血清、尿液、唾液、排泄物等。部分样品可直接进行 ELISA 检测，比如血清；而部分样品则需要经过预处理，比如粪便。兽医实验室一般根据常规方式采集样品，禽类采心脏、翅静脉血的方式；猪采前腔静脉等处血；羊采颈静脉血；牛采颈静脉、尾静脉血。分离血清时，避免出现溶血。现阶段，ELISA 试剂盒多数使用辣根过氧化物酶作为标记，红细胞溶解就会释放出较多的过氧化酶活性物质，在 ELISA 检测中，溶血会造成非特异性显色，导致假阳性，最后很难得到精确的检测结果。因此，采集来的血清样品要在一定的时间内完成检测，确保血清的有效性。血清存于冰箱时间过长，血清中的免疫球蛋白可能会出现聚合的情况，5 d 可内完成检测的血清样品，要放于 4 ℃环境中；超过 7 d 的则要于 -18 ℃环境下存放。血清样品冻结后，蛋白质有局部浓缩不匀的现象，就要将之轻轻来回颠倒使其充分混合，动作幅度不宜过大。血清样品反复冰冻还对抗体有效性有影响，因此检测抗体血清样品要做几次检测；同时要确保血清的纯度，不得有浑浊物在其中，避免出现假阳性。

二、实验前准备

严格按试剂盒说明书的要求准备实验中需用的试剂及器材，不同批次试剂盒中各成分不能混用。ELISA 中用水包括用于洗涤过程的水，必须为蒸馏水或去离子水，且应保证其新鲜和高质。自配的缓冲液应用 pH 计测量其 pH 值，需要时要校正至所需酸碱度。实验前，从冰箱中取出的试剂应待其温度恢复至室温后才能使用。稀释浓缩洗液前，要注意观察是否有结晶析出，如有结晶，要升温待其完全溶解后才能使用。实验已经用完或不需要的试剂，应及时放回冰箱保存。

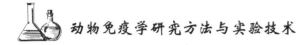

三、操作要点

（一）加样

尽量选取与加样量接近的移液器，加样姿势一致。取样时，移液器枪头要与取液板保持垂直，有利于液体体积平衡；加样时，枪头与 ELISA 板孔保持垂直，有助于将之加到板孔底部，滴加过程中要仔细，不要将液体滴加到孔壁上，加不同的样品要更换枪头，避免发生交叉感染。

（二）温育

实验室一般在 4℃、37℃ 和 43℃ 的情况下，开展 ELISA 反应的温育操作。温育过程中，除了确保反应温度及时间外，同时还要注意反应样品在温育温度下要快速达到平衡，一次不能增加太多反应板。实验中温育的温度与时间要严格控制，确保实验精确度。为避免蒸发，应采用塑料贴纸或保鲜膜将板孔覆盖，并将 ELISA 板放于湿盒内部。

（三）洗涤

洗涤的目的是将吸附在反应板上的污物洗掉，因此，洗涤效果对于 ELISA 实验结果起到非常关键的作用。实验操作人员要根据规定备好洗涤液，并于规定时间内完成洗涤。开展 ELISA 实验，可将浸泡时间加长或增加洗涤次数，有助于减少反应本底读数。

（四）显色和比色

酶催化无色底物，并生成有色产物的这一过程即为显色。定性 ELISA 实验中，显色于室温即可开展，根据阴性、阳性对比孔显色的情况及时对反应时间进行调整。但一定要按照说明书进行，确保显色反应的温度和时间，保证得到有效的实验结果。酶标仪器放于通风、避免阳光照射处，仪器温度保持在 15 ～ 30℃ 范围内。比色前将酶标仪预热 15 ～ 30 min，保证测度结果。比色前，详细登记底物对照孔和空白孔相关信息，以记录本次实验的试剂使用情况。每一次实验比色前应使用洁净吸水纸将板底液体吸净。

四、规范操作要点措施

不断加大对检验人员的培训力度，提升其检测技术与责任意识，使其能够严格规范各项操作，规范应用各项检测设备进行检测。对试剂、质量控制产品进行合理选择，保证其稳定性与可靠性，并注重管理。定期对室内质量控制情况进行分析，总结其中失控的原因，如温育时间与温度控制不准确、血清反复冻融等，及时改进、纠正，以对 ELISA 检测质量进行有效控制。

第三节　酶联免疫吸附实验在实验室应用中的质量控制

质量控制是运用现代科学管理技术和数据统计学的方法，使实验室的检验结果控制在允许的范围内所采取的一系列有效措施。酶联免疫吸附实验具有操作简单、灵敏度高、特异性强、快速稳定及不需要特殊设备等优点。ELISA 已广泛应用于各种抗原和抗体测定，但其影响因素较多，其中任何因素控制不当都会对检测结果产生严重影响。因此，必须加强 ELISA 检测的全面质量控制，才能保证实验室检测结果的准确可靠。综合目前国内外的资料，结合作者工作经验，现将 ELISA 使用过程中需要加以控制的关键因素综述如下。

一、人员素质

实验室检验人员必须熟练掌握 ELISA 的原理、检测试剂和检测仪器的性能、操作方法、实验室质量控制及生物安全等方面的知识，有较丰富的免疫血清学理论知识和操作经验，具有独立分析判断与处理检测结果异常值的思维能力。人员素质的高低将直接影响检测结果及有关数据的处理。

二、实验环境

室内温度对检测结果的影响非常大，特别是试剂对室温平衡的要求，因此实验室应安装冷暖空调，使环境温度控制在 $20 \sim 25\ ℃$。

实验室环境中氯离子对 TMB 显色也有很大影响，当氯离子浓度增高时，可使 TMB 显色，从而造成假阳性，这就要求实验室不能用含氯离子的消毒剂。

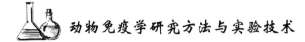

三、仪器

（一）移液器

移液器应送计量检定校准部门检定或校准。同时实验室也应不定期使用万分之一的电子天平进行蒸馏水称量法校准，误差控制在 0.10 以内。

（二）水浴箱

水浴箱应送计量检定校准部门校准。其温度的高低将直接影响试剂和样品的反应速度，应严格控制水浴箱内的温度，注意水浴箱盖的密闭性，往往水浴箱温度计所指示的温度与箱内的实际温度有一定的误差，必要时水浴箱内应放置温度计加以核准。

（三）洗板机

根据各种洗板机要求不同进行必要的调试，包括洗板机的针头吸水高度、放水高度、泵的压力、加液量、浸泡时间、洗涤次数及检测试剂对洗板机的其他要求。同时，洗板时应注意管道有无气泡及针头的通畅情况，最好进行预洗。

（四）酶标仪

酶标仪应定期送计量检定校准部门校准，同时加强对光学部分的维护，如用无水乙醇擦拭滤光片，防止发霉。

四、标本

患者标本中可能会含有干扰 ELISA 测定导致假阳性和假阴性结果的干扰因素，这些干扰因素可分为两大类，即内源性和外源性干扰因素。

（一）内源性干扰因素

1. 类风湿因子

患者体内的类风湿因子（RF）能显著干扰 ELISA 检测，其中 IgM 和 IgG 型 RF 可以与 ELISA 检测中的捕获抗体及标记二抗的 Fc 段直接结合，从而导致假阳性或假阴性结果。解决办法：①使用 RF 吸附剂后再检测，可有效纠正错误结果；②稀释标本后再检测对 HAV-IgM、HBV-IgM 和 TORCH 的 IgM 抗体尤为有用。

2. 补体

ELISA 实验固相抗体和酶二抗可因其在固相吸附及标记过程中抗体分子发生变构，使 Fc 段的补体 C1q 分子结合位点被暴露出来，进而使 C1q 将二者连接起来，从而造成假阳性；另一方面，固相抗体也会因为活化补体的结合，封闭抗体的抗原表位结合能力，从而引起假阴性结果或使定量测定结果偏低。解决方法：①用终浓度 10 ～ 40 mmol/L 的 EDTA 处理标本，灭活补体；② 56℃加热血清 30 min 使 C1q 灭活。

3. 异嗜性抗体

人血中含有抗啮齿类动物（如鼠、马、羊等）Ig 抗体，即天然的异嗜性抗体，其通过非竞争机制干扰 ELISA 检测，造成检测的假阴性或假阳性。解决办法：可在标本稀释液或待检标本中加入过量的动物 Ig，封闭可能存在的异嗜性抗体。

4. 人体动物抗体

人体动物抗体（HAAAs）是当机体受到外源异种蛋白（如鼠、牛马、羊等）抗原刺激，激发机体免疫应答，导致人体产生 HAAAs。标本内的 HAAAs 结合了试剂中所用动物源抗体形成复合物阻断了标本中分析物与之的特异性结合，导致检测结果异常增高或降低，甚至出现假阳性或假阴性，使实验检测结果与临床诊断不相符。

5. 交叉反应物质

待测标本中存在的类地高辛、甲胎蛋白样物质等，这类物质是一些与检测的靶抗原有交叉反应的物质，容易造成假阳性结果。

（二）外源性干扰因素

1. 标本溶血

要注意避免出现严重溶血，如标本溶血，标本中血红蛋白释放出来，血红蛋白含有血红素基团，其有类似过氧化物的活性，因此在以辣根过氧化物酶（HRP）为标记酶的 ELISA 测定中，吸附于固相，从而与后面加入的 HRP 底物产生显色反应，使结果呈假阳性。

2. 细菌污染

样本的采集及血清分离中要注意尽量避免细菌的污染，一是因为细菌生长分泌一些酶可能对抗原抗体等蛋白产生分解作用；二是因为一些细菌的内源性酶（如大肠杆菌的 β- 半乳糖苷酶）本身会对相应酶做标记的测定方法产生特异性干扰。

3. 标本保存不当

标本在 2～8 ℃下保存时间过长，IgG 可聚合成多聚体，在间接 ELISA 测定中会导致本底过深，造成假阳性结果。血清标本如是以无菌操作分离，则可以在 2～8 ℃下保存 1 周，样本长时间保存，应在 -70 ℃以下保存。冷冻保存的血清标本必须注意避免因停电造成的反复冻融，标本反复冻融所产生的机械剪切力将对标本中的蛋白等分子产生破坏作用，使抗体效价下降，从而引起假阴性结果。

4. 标本凝固不全

标本采集后应使其充分凝固后再分离血清，或标本采集时用带有分离胶的采集管或于采集管中加入适当的促凝剂，这样有利于血清完全分离，否则血清中因有纤维蛋白原非特异性吸附于微孔而造成假阳性结果。标本在保存中如出现非细菌污染所致的混浊或絮状物时，应离心沉淀后取上清液检测。

五、试剂使用和保管

优质的试剂是保证检验质量的基础。虽然国家采用批检的形式对 ELISA 试剂严格把关，但不同厂家的试剂在性能上仍存在较大差异，试剂的质量在很大程度上决定了检测水平，因此，在使用之前必须对试剂进行严格把关。

应选择灵敏度高，特异性强，精密度好，稳定性和安全性能好且经济实惠的试剂。

保存试剂的冰箱应经常检查储存温度并做好记录，冰箱应避免频繁开关，在实验开始前，将试剂盒先从冰箱中拿出来，在室温放置 20～30 min，否则水化层的形成可能影响试剂的原始浓度及试剂中溶质分子的均匀分布。

配试剂所使用的蒸馏水或去离子水应保证质量。

当试剂盒以邻苯二胺为底物时，则底物溶液应在反应显色前临时配制，显色反应过程需避光。

根据蛋白质在冷冻过程中出现蛋白分子分布改变的特点，试剂在使用前要充分混匀。未用完的试剂和质控品要密封并及时放回冰箱保存。

不同批次的试剂在制作过程中很难保证质量完全一致，因此必须选择和订购长批号的试剂，这样才能避免因试剂批号改变而重新建立质量体系及重新评估试剂的复杂过程，并能保证结果的稳定性。

六、加血清样本及反应试剂

加样时应将标本加在微孔反应板底部，同时吸头不要接触微孔反应板底部，加不同的标本均需更换吸头，以免发生交叉污染。

加样速度不能太快，速度要均匀，角度要垂直，力度要一致，避免加在孔壁上部和两个孔之间，防止溅出或产生气泡，造成结果偏差。

七、温育

温育是 ELISA 测定中影响测定成败最为关键的因素，因此在操作过程中一定要注意如下几点。

（一）温育的温度要恒定

温箱内的温度应恒定在（37±1）℃，尽量少开温箱门，温育时微孔反应板不要叠加，严格按试剂盒说明书控制温育时间，不能人为延长或缩短温育时间。微孔反应板温育时要加贴封片，这样可以防止孔内液体成分蒸发或水珠等杂质滴入孔内影响检测结果。封片不能重复使用，避免交叉污染。

（二）要保证在设定的温度下有足够的反应时间

一般来说，加完样品和反应试剂后，将微孔板从室温拿至水浴箱时，孔内温度从室温升至所需温度需要一定时间，尤其是室温较低以及非水浴的状态下，这段升温过程可能还比较长，要等到微孔板的孔内温度升至所需温度时才开始计时，否则容易造成实际测定中温育时间不够，弱阳性样本假阴性出现。

（三）边缘效应的排除

为了保证好的测定效果，避免"边缘效应"，可采用水浴的温育方式，让微孔板浮于水面上。或将浸透水的纱布放入一大饭盒或一湿盒中，放入温箱，这样就会因为板条孔底部直接与37℃水或湿布接触，以及水溶箱或温箱内的高温度而使反应溶液的温度迅速升至37℃。

八、洗板

洗涤是 ELISA 不同于均相免疫学检测技术的一大特征，洗涤在整个

ELISA 反应过程中虽不是一个反应步骤却非常关键。其目的是将特异结合于固相的抗原或抗体与反应温育过程中吸附的非特异成分分离开来，以保证 ELISA 测定的特异性。以 HRP 为标记酶的 ELISA 试剂盒中使用的洗板液一般为含 0.05% 山梨醇 -20 的中性磷酸盐缓冲液，山梨醇 -20 为一种非离子去垢剂，既含亲水基团，也含疏水基团，其在洗涤中的作用机制是借助其疏水基团与经疏水性相互作用被动吸附于聚苯乙烯固相上蛋白的疏水基团形成疏水键，从而削弱蛋白与固相的吸附。同时在其亲水基团与液相中水分子的结合作用下，促使蛋白质脱离固相而进入液相，这样就可以达到去除掉非特异吸附成分的目的。由于抗体或抗原的包被通常也是在碱性条件下与固相的疏水基相互作用而被动吸附于固相的，因此要注意非离子去垢剂的使用浓度，如果山梨醇 -20 浓度高于 0.2% 可使包被于固相上的抗原或抗体解吸附而影响实验的测定下限。

配制洗涤液需要用新鲜、干净、无菌、无污染的蒸馏水或去离子水配制，洗涤液应现用现配。盛放洗涤液的塑料容器应用清洗剂彻底清洗干净后方可使用。洗板时应保证洗涤液注满微孔反应板各孔。洗完板后微孔反应板在吸水纸上轻轻拍干。

ELISA 测定的洗板一般有两种方式，即手工洗板和洗板机洗板。无论何种洗板方式都应该严格控制洗板次数，增加洗板次数会造成部分与固相结合的抗原抗体脱离，从而影响检测的灵敏度，使样本检测的吸光度值偏低，造成假阴性。减少洗板次数会造成未与固相结合的抗原抗体未能完全被洗掉，从而引起假阳性。在向板内注液时应避免气泡残留孔内，否则会因为洗涤液难以进入孔中而影响洗涤效果。在采用洗板机洗板时，要保证洗板机上的每个吸液针都能一致地插入板孔底部并将洗液完全吸净，要求洗板后残液小于 2 μL，即人工扣板垫纸不湿。要注意加注洗液的探针孔的堵塞问题以及液体吸加的有效性问题，假阳性往往与洗板不彻底有很大关系。

九、显色

大多数 ELISA 商品试剂盒选用 HRP 作为标记酶，HRP 可催化的底物为过氧化氢,参加反应的显色供氢体有邻苯二胺、邻联甲苯胺及四甲基联苯胺(TMB)等。操作时应注意各试剂盒显色剂不能混用，添加顺序不能颠倒，不能溅出孔外。在以 HRP 作为标记酶的 ELISA 试剂盒中，如以 TMB 为底物，则提供的底物为 A 和 B 两瓶应用液，A 液为 H_2O_2，B 液为 TMB。TMB 是一种供氢体的染料，在 HRP 催化下，提供氢给 H_2O_2，自身被氧化成蓝绿色，加入含有硫酸的终止剂，降低 pH 值，即可使蓝色的阳离子根转变为黄色的联苯醌，产物可稳定 90 min，在波长为 450 nm 处有最大消光系数。

在加入底物开始显色反应前，最好先检查一下底物溶液的有效性，即可将 A 和 B 两种液体各加 1 滴于清洁孔或试管中，观察是否有显色出现，如有，则说明底物已变质，不能使用，在以 TMB 为底物的整个显色反应过程无须避光。

酶结合物不耐干燥，特别是在较高的温度下较易失活，加入底物前，甩干的反应板在空气中暴露时间的长短也会影响实验结果，时间越长，则 A 值越低，因此甩干后的反应板应尽快滴加底物。

十、比色

ELISA 比色结果必须通过酶标仪进行检测，不可用肉眼判断结果，因为不同个体色觉存在差异，难以保证检测结果。正确使用酶标仪应注意下面两点。

在实验室进行 ELISA 测定时，以 TMB 为底物和以邻苯二胺为底物的试剂盒均有使用，由于所使用的波长不同，前者为 450 nm，后者为 492 nm，因此一定要注意酶标仪的波长是否调至合适长度和滤光片使用是否正确。

酶标仪最好使用双波长进行测定，一般不必设空白孔，在敏感波长 450 nm 和非敏感波长 630 nm 下各测定一项，敏感波长的吸光度测定值为样本酶反应特异显色的吸光度及板孔上指纹、刮痕、灰尘等脏物所致的吸光度之和；非敏感波长下测定即改变波长至一定值，使样本测定酶反应特异显色的吸光度值为零，此时测定的吸光度即为脏物的吸光度值，最后酶标仪给出的数值为敏感波长的吸光度值与非敏感波长下的吸光度值差。因此，双波长比色测定具有能排除由微孔板本身，板孔内标本的非特异吸收，指纹、刮痕、灰尘等对特异显色测定吸光度的影响的优点。

十一、结果的判定与报告

（一）结果判定

ELISA 测定按其表示结果的方式分为定性测定和定量测定，定性测定只是对标本是否含有待测抗原或抗体做出"有"或"无"的结论，分别用"阳性"和"阴性"来表示，结果的判定要严格依据试剂盒本身提供的临界值 cut off 值进行结果判断。定量测定需要制备标准曲线，根据标准曲线计算结果。

（二）注意钩状效应

钩状（HOOK）效应是指免疫检测中抗原抗体浓度比例不合适而致检测结果呈阴性的现象。即被检物质浓度过高，过量的未被捕获的抗原与检测抗体发生结合，阻断了捕获抗原—抗体—检测抗原抗体复合物的形成，从而产生假阴性结果。对待 HOOK 效应要注意几点：①关注患者的临床诊断和其他实验室检查；②警惕任何异常的测定值或模式；③使用免疫渗透层析法快速验证；④尽可能使用二步法进行检测；⑤用健康人血清或生理盐水 10 倍系列稀释再检测；⑥另有文献报道 ELISA 孵育过程中适当振荡也可消除 HOOK 效应。

（三）灰区的问题

通常情况下 ELISA 结果报告方式为"阴性"或"阳性"，在二者之间有一条明确的分界线，也就是阳性判定临界值 cut off 值，对于样本吸光度值（A）高于 cut off 值判断为阳性，相反则判断为阴性，然而在实际工作中经常会出现样本 A 值位为 cut off 值附近的数值，即 ELISA 检测的"灰区"。目前市场上抗原抗体检测的 ELISA 试剂盒中均未涉及"灰区"的设置，仅仅依靠 cut off 值来决定感染的有无。作者在实际工作中发现，处于 cut off 值附近的标本重复性很差，很容易引起医疗纠纷。因此，对于检测结果处于"灰区"的人员要采取复查制度或用确认实验来加以确证。

十二、质量控制图

目前在临床检验实验室中，ELISA 检测多采用 Lever-Jennings 质控图法进行质控，但是由于某些实验室检测的样本量较少而且频次较低，常常采用"即刻法"结合 Lever-Jennings 质控图的方法进行质控。在每项实验中除了试剂盒附带的阴阳性对照外，还要选择至少两个室内质控品，一个为弱阳性的质控品，其吸光度接近 cut off 值，cut off 值应在 2 ~ 4，另一个为阴性质控品。认真分析每次失控的原因，定期对各项检测的均值和变异系数等进行比对分析，及时发现检测过程的偏离情况，采取适当的措施来提高检测的可靠性。

综上所述，尽管 ELISA 操作简单，但可影响 ELISA 检测的因素很多，分布在整个检测过程中。世界卫生组织专家曾对 ELISA 的评价认为："ELISA 作为免疫诊断应用是一个好方法，但要做好它不容易。"因此必须不折不扣地全面加强各环节的质量控制，当出现实验室检测结果与临床诊断不相吻合时要及时进行沟通，共同查找其中的原因，判断是否存在某些干扰因素，并采取适当方案重新检测，才能得到准确可靠且满意的检测结果。

第四节　手工进行酶联免疫吸附实验的影响因素

酶联免疫吸附实验是酶免疫测定技术中应用最广的技术。其基本方法是将已知的抗原或抗体吸附在固相载体表面，使酶标记的抗原抗体反应在固相表面进行，用洗涤法将液相中的游离成分洗除。常用的 ELISA 法有双抗体夹心法和间接法，前者用于检测大分子抗原，后者用于测定特异抗体。

在血站的血液检测项目中，除了转氨酶项目外，病毒检测均采用此方法，该方法具有快速、敏感、简便、易于标准化等优点。在没有大范围地使用核酸检测的今天成为检测的可靠方法。

酶联免疫吸附实验由于它的敏感性要求实验当中很多环节必须操作恰当、合理。这些环节即可归纳成人、机、料、法、环，它们的影响至关重要。

一、人的因素

"人"是影响检验结果的首要因素；整个实验过程是完全在人的操控下进行的，这就要求实验人员对实验步骤熟练掌握并具有清晰的思路，不允许丝毫的马虎和懈怠，要有高度的责任心和道德感、过硬的实验技能、较高的专业水平及应对实验中出现的问题和状况的分析与解决问题的能力，实验过程中不能带有个人情绪，不能因为生活琐事影响检验的操作，以至于影响检验结果的核对和判断。

二、机的因素

"机"指的是仪器设备，它是顺利完成实验的关键环节，包括震荡仪、孵育箱、洗板机、酶标仪、加样器等。

所使用的仪器必须是有国家批准文号并每年经过质检部门检定合格或厂家工程师定期维护正常方能使用。

在实验进行前，应确保仪器的工作状态正常，事先预热。如孵育箱，在实验前要达到理想温度；洗板机能正常运行；酶标仪指示状态正常；加样器要校准，

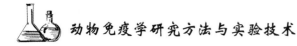

且在检定时间内使用。

仪器设备使用后，应进行维护和定期保养；如用 75% 的酒精擦拭，对于运行不畅的地方上润滑油等；有些设备需要日维护，有些设备需要周维护，有些设备需要月维护；有些设备需要定期更换灯管等（如生物安全柜）。

在实验过程中，发现仪器设备运行不正常应立即停止工作，上报总务科，与厂家工程师联系，制定维修方案，并及时贴上"停止使用"标识，最好移出工作空间，以免混用。

新引进和检修后的仪器设备使用前必须进行确认方可使用，并悬挂正常使用标识。

三、料的因素

"料"是指物料和试剂；物料应是有国家批准文号的，并经过计量检定达到标准的，是经久耐用型的；试剂应选用有国家批准文号并经过行业比对排名靠前的产品，尽量使用第四代产品（抗原抗体联合检测），可缩短抗原抗体的检测时间；不同批号的试剂应分开存放，不宜交叉使用，试剂开启后要在一周内用完，并坚持优先使用上一盒试剂所剩余微孔的原则，不可有过期试剂出现在试剂库中；从冰箱中取出的试剂盒必须放置 30 ～ 60 min 复温至室温方可实验；新进的试剂必须在质控科室确认并贴有放行标识后方可进行实验。

四、法的因素

"法"即检测方法——酶联免疫吸附法（以下简称酶联法）；实验室人员应熟练掌握酶联法的原理、操作步骤、影响因素及注意事项，以便正确操作；其中包括标本的处理、加样、震荡、孵育、洗板、显色、终止等。

实验室人员收到标本后应认真查对，对于不够量、中重度乳糜、溶血、有凝块、标识不清的标本拒收，并在质控部门的监督下重新留样。对于合格标本要及时分离血清，离心 2500 转 10 分钟，避免溶血，对于不能及时检测的标本应妥善保存于 4℃ 冰箱，和交接单一起保存。实验前务必复温至室温方可进行实验检测；ELISA 检测尽量采用新鲜标本，长时间冻存的样本应避免反复融冻。

仔细阅读说明书以了解实验中的操作步骤和注意事项，以确定阴性、阳性的孔数、位置和加样量、反应孵育温度和孵育时间、洗涤的次数、显色时间及终止等。

　　加样过程中必须使用检定合格的加样器，并垂直加样，样品不可外溢或挂壁，影响加样量，导致结果偏低；加样吸头不可反复使用，以免造成污染。

　　震荡，加样结束后必须用震荡仪进行震荡，使其充分混合（有稀释液的）幅度不可过大，以免造成样本外溅。

　　洗涤次数不要超过说明书推荐的次数，洗液在反应孔内滞留的时间不宜过长；洗涤后拍板应尽量干净，避免孔内有液体残留，造成花板。

　　在加酶或显色液时不可使用塑料滴管，应使用加样器，塑料滴管的量不准确（和加样器大约相差20%），而且不宜控制，造成显色不统一，判断错误。

　　在孵育过程中应用不干胶纸覆盖板的表面，以防止污染和保持温度；尽量使用有单独小门的孵育设备，以避免多人多次开关孵育箱使孵育箱内的温度下降，严格控制孵育时间，时间过长或过短都会导致结果的不准确。

　　加显色液时，不能处于阳光直射的环境下，加显色系统后要避光，以免显色过强；显色时间严格按照说明书的要求，过长会使颜色加深，过短会使反应不完全呈现弱阳性。

　　在每次实验中，必须加入室内质控对照，在与检测样品相同的条件进行，以监控实验成功与否。

　　洗液必须当天配制当天使用，不可和其他厂家的洗液混用，严格按照说明书上的配制比例要求配制，使用后有剩余的应弃去，以防止细菌污染。

五、环的因素

　　这里的"环"是指实验中所处的环境，是实验进行的基础，也是保证实验成功的前提。应对实验的物理参数有充分的了解，如环境温度（保持在18 ～ 25 ℃）、湿度（保持在30% ～ 70%），并使用空调、加湿器等设备以使各指标控制其在适合的范围内；环境应通风（门窗应有防蚊防蝇设施）、宽敞、视线良好、地面防滑、实验台耐酸耐碱、有消防器材和措施、有洗眼设施并能采取必要的防护等。

　　在长期的实验过程中，发现了上述诸多的影响因素，如果忽视了它们，难免会造成假阴性或假阳性，了解并能够很好地控制它们是避免差错事故的必要手段。

第五节　血站实验室酶联免疫吸附实验全自动检测的全面质量控制

血站实验室承担着按照国家规定，检测无偿捐献的血液项目的检测工作，肩负着尽最大可能减少输血传播疾病的可能和异常抗原抗体对输血工作干扰的重担。根据国家卫生健康委员会《血站质量管理规范》和《血站实验室质量管理规范》的要求，结合血站质量管理体系的具体规定，现就血站实验室在艾滋病、丙型病毒肝炎、乙型病毒肝炎、梅毒全自动酶联免疫吸附实验血液检测全面质量控制当中提出一些看法和体会，供同行参考。

一、ELISA 的全面质量控制

（一）检测前的准备

检测前的准备工作无疑与检测结果的预期呈正相关，它包括方法和试剂的选择、人员的要求、实验环境和设备的要求等方面。

（二）人员配置和培训

在实验的整个过程中人为因素无疑是决定性因素。首先，依据法律法规人员必须持证上岗，严禁无证人员参与检验，并依据人员的职称和工作能力，构建合理的人才队伍，分级管理，职责明确，下一级在上一级的指导和监督下工作。同时操作人员不仅要具有娴熟的操作技术和准确的判断能力，还要有踏实认真的工作作风。本实验室在实际培训工作中除完成站科两级 1 年 75 学时的业务培训外，更加注重法律法规的学习培训，使工作人员在工作中注重细节，保持严谨的工作作风，在每个人的头脑中紧绷血液安全这根弦，另外，团结协作的氛围要贯穿工作的始终。

（三）设备

本实验室目前对 4 项传染病的检测使用帝肯（TECAN）的 EVO 前加样和奥斯邦（AUSBIO）的后处理酶免分析系统（FAME）。全自动处理系统减少了人为差错，保证了实验检测过程的可追溯性，提高了结果的准确性以及一致性。在新设备投入使用前要进行设备的确认，设备在出现故障修复后再次使用前也要进行确认。本实验室设备确认主要包括两方面内容，一是设备的运行参数是否与说明书提供的参数一致；二是进行实验对照，把相同的一组样本按照完整的实验流程分别用待确认设备、正常使用设备或手工方法进行实验，通过实验结果进行比对。

（四）试剂的准备

目前血站 ELISA 试剂的来源都是国家药监局批准的试剂，其他试剂使用的也是有正规批准文号的厂家的。在日常使用中除按要求保证室温平衡时间和使用前的外包装检查外，对试剂拆分后再次使用（包括微孔条）规定不得超出 1 个月（试剂说明书有要求的除外），另外，对仪器盛装试剂的试剂槽每周更换 1 次，对原有剩余的试剂弃去，并彻底清洗试剂槽。确保不因试剂的变质、污染影响实验结果。

（五）实验室环境

实验室环境要满足实验要求的面积、照明及相关规范的要求，ELISA 对温度的要求比较高，除保证实验室温度外，还要保证一定的湿度，因为实验室的湿度是实验精密度的重要影响因素。本实验室通过中央空调、加热器、加湿器保证实验室的温度在 18～28℃，湿度在 20%～70%。

（六）标本的准备和处理

以无菌真空管采集标本后按要求低温保存运输，并且无溶血、无乳糜、外观无破损。标本一般在采集后 24 h 内完成检测，最长不超过 5 d，否则应及时分离血清（血浆）和红细胞于 4～8℃保存，1 周内完成检测。

（七）检测中的质量控制

检测过程其实就是样本分样和实验的过程。在分样阶段目视很关键，以确保分样正确和避免漏分样现象的发生，保证内部质控品和外部质控品以及样本的加样量和加样位置的准确。应定期对分样的量进行监测并保证分样器三通阀和针口螺丝紧固。微孔板在加样完成目视无异常后才能进入后处理环节，后处理设备在计划模拟后首先应检查试剂及洗液是否被仪器识别，进板后设备实验的微孔位置是否和期望一致。后处理过程应随时观察洗板和试剂的分样是否正常，一旦出现异常情况时应及时补救或手工完成。如果有外部的室间质控一般放在样本的后面随样本一起实验。

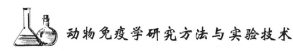

（八）检测结果的处理

对于实验过程无异常的实验结果，首先需要对对照品的结果进行分析，空白孔无显色，阴性和阳性孔符合说明书的要求，整板本底值无异常。其次需要重点对室内质控品进行数据的分析，按 Leney-Jennings 质控图判定在质控后本项目本批次的实验是有效的，才能对样本的结果进行判定。对于室内质控数值酶标仪比色的结果 OD 值与临界值的比值（S/CO）的变异系数本实验室规定不得大于 20%。按照实验判定规则对样本孔逐一判定并复核无误后，才能把本次实验的结果输入计算机信息系统中。如果某一项实验被判定无效或室内质控被判定失控，本项目必须重新实验，本批次样本的实验结果就不能发布。

（九）结果的发布

判定实验有效的所有项目完成后，再次进行核对，无误后才能通过计算机网络进行结果的发布，并进行发布结果与实验记录结果的核对，以确保结果准确。

（十）记录

认真做好与实验有关的各项记录，以便实验过程的可追溯。

定期对影响质量的实验环节进行讨论与评价。实验室定期就实验当中遇到的技术及质量问题进行讨论、分析和评价，以找到更好的解决办法，取得共识并落实到工作当中。这一点在日常工作中很重要，可以使实验室的整体技术不因个别人员而受影响，同时集思广益、共同学习、共同提高，还能使有变化的或更好的方法和经验及时得以执行。

二、讨论

血站实验室里血液的检测结果不像临床结果那样仅供医生参考，它直接决定血液是否可供临床患者使用，一旦出现差错后果极其严重，而且无法挽回。所以，日常工作中做好血液检测过程的全面质量控制，避免漏检而导致经血液传播疾病的发生就显得尤为重要。

ELISA 由于步骤多，实验每个环节都与质量有关，与结果准确有关，因此要严格按照实验方法的要求和程序，控制好实验的温度和时间，更要做好实验前、中、后影响质量的环节管理。在全自动 ELISA 设备的应用中，尤其要做好本书所述关键控制点的管理，只有这样才能取得满意的实验效果。ELISA 虽然灵敏度高，但仍然存在钩状效应，需要在实际工作中去分析、判断和排除。确保每一份结果的准确。

虽然目前无法避免 ELISA 检测的窗口期问题，但其敏感性和特异性只要能控制得好，就能大大降低经血液传播疾病的发生。本实验室于 2004 年建立了专门的质量管理体系，以文件化的方式对实验的全过程进行控制，按照要求每年对文件进行至少一次内审，并持续改进以满足质量要求，多年来未出现血液检测质量事故。

随着经济的发展，国家对血液传播疾病控制和血液检测提出了更高的要求。目前国内大多血液中心已引用核酸检测，对保障血液的安全具有更加积极的意义。这也是各级血站检测发展的一个方向，为此目前应用 ELISA 检测的血站实验室，在提高经血液传播疾病的检出率，杜绝其传播疾病的发生，尤其要在满足《血站质量管理规范》和《血站实验室质量管理规范》的要求下，按照全国临床检验标准操作规程和血站新版技术操作规程的要求做好实验室的质量控制，为下一步开展核酸检测奠定良好的基础。

第六节　酶联免疫吸附法测定猪肉中盐酸克伦特罗的方法

随着社会经济的持续发展、人们生活水平的日益提高，人们对于畜产品的质量要求越来越高，优质高效的畜产品已经成为人们日常生活的基本要求。但是，受到利益的驱使，仍有部分不法分子在畜产品的饲料中添加不同含量的盐酸克伦特罗以改善动物肉质，获取非法利益，严重威胁人民群众的身体健康。基于此，本书以猪肉中的盐酸克伦特罗的测定为例，从酶联免疫吸附法的原理、操作步骤以及注意要点等方面出发，分析总结酶联免疫吸附法测定猪肉中盐酸克伦特罗的方法，研究发现，采用胶体金免疫层析法进行初筛，使用酶联免疫吸附对初筛结果为阳性的样品进行二次检测是提高检测准确率的有效途径。

盐酸克伦特罗俗称瘦肉精，是人工合成类的 β- 肾上腺素兴奋剂的一种，在治疗支气管扩张方面有显著效果，用量适当时，是防治哮喘、肺气肿等肺部疾病的有效物质；但当其用量为正常治疗量的 5 ～ 10 倍时，在能量重分配的作用下，将导致脂肪沉积异常减少、肌肉合成异常增加，部分非法使用者往往将其添加到动物饲料中，用以改善动物胴体品质。当动物食用盐酸克伦特罗后，其体内将残留不同程度的盐酸克伦特罗，用其制作的食品一旦被人们食用，将引发一系列中毒症状，严重危害人体生命安全。调查显示，盐酸克伦特罗一次摄入量过大，人体将产生呕吐、心跳骤然加速等异常生理反应，严重者甚至直接死亡，因此被世界上大多数国家禁用。近年来，在我国的严厉打击下，非法生产销售添加盐酸克伦特罗食品的现象明显减少，但畜产品抽检的实际工作显示，瘦肉精仍时有检出，加强对畜产品中盐酸克伦特罗的检测势在必行。在多种检测方法中，胶体金免疫层析法、酶联免疫吸附法较为常用，广泛应用于畜牧业中，具有准确率高、操作简便、耗时短等优点。下面就对酶联免疫吸附法测定猪肉中盐酸克伦特罗的方法进行进一步分析和总结。

一、原料与方法

（一）原料

到附近市场随机抽取一批剔除杂质、脂肪的无皮精肉，使用高速捣碎机对无皮精肉进行处理，彻底捣碎后将所有精肉混合均匀并置于冰箱冷冻备用。检测时，从冰箱冷冻室抽取 5 g 捣碎样品，将 25 mL 的 50 mmol/L HCl 与样品混合，持续摇动至均质。在离心管中加入 5 g 均质物，以 10 000 r/min 的速度高速离心 15 min，分离血清，提取上清液，在上清液中加入 300 μL 的 1 mol/L NaOH，混匀并静置 15 min。15 min 后，在混合上清液中加入 4 mL 的 500 mmol/L KH_2PO_4，混匀静置，保存在温度为 4℃左右的环境中。90 min 后，取出混合液，以 10 000 r/min 的速度高速离心 15 min，分离上清液，待检，待检标本共 10 份。

（二）方法

本次研究所用盐酸克伦特罗－酶联免疫试剂盒来自西安绿盾生物科技发展有限公司，酶标仪型号为 DG5031，离心机型号为 0412-1（80-2）；此外，所涉及的仪器还包括匀浆机、电热恒温水浴锅及微量加样器。

从冰箱中取出适量待检混合液，在常温中静置至所有待检混合液均恢复室温。对待检混合液进行洗板处理，使用蒸馏水 10 倍稀释浓缩洗涤液，取出酶联免疫板，室温下平衡 5 min 后，将 300 μL 的洗液分别加入板孔中，静置 1 min 并彻底甩掉洗涤液，按照上述步骤反复操作 3 ～ 5 次，直至酶联免疫板内的残留洗涤液完全甩干。完成上述操作后，按照 1∶1 000 的比例对试剂盒中的抗体进行稀释，加样时严格控制加样顺序，在酶联免疫板上依照 1 到 3 的顺序依次加样，每孔内加样 100 μL，反复两次。此外，在其他孔内加入 100 μL 的抗体以及适量待测样品。加样完成以后，在湿盒内放入酶标板，以 37℃ 的温度开始竞争，持续 30 min。竞争完成以后持续加二抗，按 1∶1 000 的比例稀释二抗标记酶，将配制好的二抗标记酶加入酶联板内，每孔 200 μL 并放置于湿盒中，保存于温度为 37℃ 的环境中，静置 30 min。取出加底物显色，将底物 A、B 等体积混匀，将配好的底物显色剂加入酶标板内，每孔 200 μL，显色后再将 50 μL 的终止液加入酶标板内，终止反应。轻轻振荡混匀，在混匀后的 5 min 内测定样品和标准样 450 nm 处的吸光度值。

结果判定：将样品和标准样的吸光度值与 0 号标准溶液的吸光度值相除，将所得到的数值再乘以 100%，该结果即为百分吸光度值。与此同时，采用绘制标准曲线的方式对样品中盐酸克伦特罗浓度进行计算，以盐酸克伦特罗标准溶液浓度对应的百分吸光度值为 Y 轴，以标准溶液浓度本身为 X 轴，使用该方法在标准曲线上依次读出每一个样品的浓度。

二、实验结果

实验结果显示，10 份猪肉标本的 OD 值均在 0.45 以上，1 份样品中所包含的盐酸克伦特罗的含量在 5 ng/mL 以上，检验合格率为 90%。

三、讨论

本次研究顺利完成，10 份猪肉标本的检验合格率为 90%。研究结果提示，酶联免疫吸附法是测定猪肉中盐酸克伦特罗的有效途径，能够较为准确地检测猪肉中所包含的盐酸克伦特罗含量，且具有操作相对简便、经济、快速的优势。但为保证检测准确性，在实际检测过程中，应当注意以下事项：①取样时应采取纵切取样的方式，避免以肌肉、肾、血液等以及肝实质上部肥厚部位处为样本，确保检测价值。②在处理样品时，严格控制过 C18 柱时的流速。一般情况下，样品进柱时，应当将流速控制为 1 滴每秒；甲醇洗脱时，流速控制为 15 滴每分。③切忌交叉使用同批号的试剂，试剂使用之前确保温度恢复至室温并充分稀释，使用完毕之后立即将试剂放回温度在 2～8℃ 的环境中保存，防止试剂变质，影响检测准确性。此外，以悬空滴入的方式添加试剂，防止枪头接触板孔，可用一只手轻扶另一只拿微最加样器的手，保证试剂完全加入微孔中底部。④洗涤过程中，避免移液器管尖与孔中混合物接触；对于部分浓度超出最高检出限的样品，为保证检测的有效性，应对其持续稀释，但切忌盲目稀释样品的倍数，应从较小的稀释倍数开始，循序渐进，以进一步提高检测结果的准确度。⑤严格把握平行样加样顺序，按照相关实验要求和试剂要求按顺序添加试剂，防止因任意添加试剂而使平行样结果 CV 变大的情情况发生，导致实验精密度降低。⑥对于在实验中需进行两次抗原抗体反应的标本（加标本以及加酶结合物），应当注意对标本进行保温，保证标本能够达到反应的终点。研究指出，抗原抗体完成反应需要一定的时间和温度，抗原抗体反应的这一过程，即温育或孵育，酶联免疫吸附法属固相免疫测定的一种，同时，抗原抗体的结合只在固相表面上发生，而对于加入板孔中的标本所包含的抗原而言，并非所有标本抗原都享有与固相抗结合的机会。一般情况下，仅与孔壁最贴近的一层溶液中所包含的抗原能够直接与抗体接触并发生反应。由此可见，对于需要两次抗原抗体反应的标本而言，其反应是一个逐步平衡的过程，需要不断扩散才可达到反应终点，该道理同样适用于后加入酶标记抗体与固相抗原的结合。为此，在温育过程中，应当采用水浴等方式将温育温度控制在 37℃。⑦在使用酶联免疫吸附法对样本中的盐酸克伦特罗进行测定时，要严格控制实验室环境，避免因实验室环境不合格而造成测定结果准确度降低。研究指出，实验室温度过低，将导致抗体抗原反应减弱甚至被抑制，使抗体无法在正常实验时间内完全反应，当反应不充分的抗体加入停止液终止反应时，最终的检测结果可能出现误差，难以形成标准曲线图；若实验室温度过高，可能加速抗体抗原反应，使微孔内还未完全加样，而前面已加好试剂的微孔已经发生了反应，造成最终测定结果偏低。因此，一般情况下，实验室应当充分避光，室温控制在 20～24℃。

第七节　酶联免疫吸附法检测动物源性食品中氨苯砜残留

　　应用间接竞争酶联免疫吸附技术，作者建立了一种快速检测动物源性食品中氨苯砜残留的方法，并对其各项技术参数进行了评价。结果显示，该方法的半数抑制浓度 IC50 为 0.369 μg/L，对鸡肉、猪肉样本的检测限为 0.2 μg/kg，对鸡蛋、蜂蜜样本的检测限为 2 μg/kg，对牛奶样本的检测限为 0.6 μg/L；样本添加回收率为 78.2% ~ 104.0%，变异系数为 5.2% ~ 13.5%；对实际样本的检测结果与液相色谱 - 串联质谱法基本一致。该方法操灵敏度高、快速准确，适用于动物源性食品中氨苯砜残留的快速检测。

氨苯砜（dapsone，DDS）为砜类抑菌剂，对麻风杆菌有较强的抑菌作用，大剂量使用时显示杀菌作用。由于其作用机制与磺胺类药物相似，两者具有协同增效作用，在动物和水产养殖中常作为磺胺增效剂使用。然而氨苯砜毒性较大，可引起血液系统反应，如高铁血红蛋白血症和溶血性贫血，还可能出现肝肾功能损害和精神障碍，因此我国明确规定禁止在所有食品动物中使用，且在动物性食品中不得检出；欧盟 2377/90 也明确规定氨苯砜为禁用药物。

目前，国内外关于食品中氨苯砜残留检测的报道较少，且多与磺胺类药物同时检测，方法主要为高效液相色谱法和液质联用法，仪器方法可以精确地进行定量分析，但设备昂贵、操作复杂、对样品纯度要求较高、检测成本高、周期长，只能用于小批量样本抽检，无法满足食品安全检测中对大批量样本现场快速筛查的需要。而酶联免疫吸附技术具有特异性高、敏感性强、快速方便、不需要昂贵仪器设备、检测成本低、适合于大批量样品的检测等优点，已在农兽药残留及微量毒素检测中被广泛应用，但目前尚未见该技术在动物源性食品中氨苯砜残留检测中应用的报道。因此，作者在利用合成的氨苯砜人工抗原，通过细胞融合技术制备出 DDS 单克隆抗体的基础上，确立了动物源性食品中氨苯砜残留的间接竞争酶联免疫吸附法，为商品化试剂盒的研制打下基础。

氨苯砜（纯度 ≥ 99%）、琥珀酸酐、吡啶、二甲基亚砜、碳化二亚胺、N，N- 二甲基甲酰胺、牛血清白蛋白（BSA）、卵清蛋白（OVA），上述药品为Sigma 公司产品，其他常规化学试剂均为分析纯，北京化学试剂公司产品，复溶工作液的 pH 值为 7.6，含质量分数 8% ~ 12% 酪蛋白、0.1 ~ 0.3 mol/L 的磷酸盐缓冲液。

8010S 匀浆机：上海斯伯明仪器设备有限公司产品。2000SBL 电子天平：美国 Setra 公司产品。KS- Ⅱ 振荡器：上海跃进医疗器械厂产品。QL-901 旋涡混合器：海门市其林贝尔仪器制造有限公司产品。Anke TDL-40B 低速离心机：上海安亭科学仪器有限公司产品。DSY- Ⅲ 氮吹仪：北京金科精华苑科技有限公司产品。微量移液器（单道 20 ~ 200 μL、100 ~ 1 000 μL，多道20 ~ 300 μL）：美国 Thermo 公司产品。DHP-600 生化培养箱：天津市中环实验电炉有限公司产品。MK3 酶标仪：美国 Thermo 公司产品。

一、氨苯砜半抗原的合成

0.50 g 氨苯砜、0.40 g 琥珀酸酐和 2 mL 吡啶在 10 mL 二甲基亚砜中混合，在 60℃下搅拌反应 10 h，蒸除溶剂，柱层析后在乙醇－水体系中重结晶得到氨苯砜单琥珀酸酰胺，即为氨苯砜半抗原。

二、氨苯砜人工抗原的制备及鉴定

（一）氨苯砜免疫原的制备

取氨苯砜半抗原 12 mg 用 1.5 mL N，N- 二甲基甲酰胺溶解，得到溶液 Ⅰ；取质量分数 50% 的戊二醛 10 μL 加入溶液 Ⅰ 中，室温下搅拌反应 18 h，得到溶液 Ⅱ；取牛血清白蛋白 60 mg 用 4.5 mL 水稀释后加入溶液 Ⅱ 中，反应过夜后加入 24 mg NaBH₄ 反应 3 h，用三蒸水透析 48 h，即得氨苯砜免疫原。

（二）氨苯砜包被原的制备

取碳化二亚胺 50 mg 用 2 mL 水使之充分溶解，得到溶液 A；取氨苯砜半抗原 13 mg 用 1 mL N，N- 二甲基甲酰胺溶解，得到溶液 B；取卵清蛋白 30 mg 溶于 2 mL 0.01 mol/L PBS（pH 值为 8.0）溶液中，得到溶液 C；将 B 液与 C 液混合，在磁力搅拌下逐滴加入 A 液中，室温下搅拌反应 24 h，用三蒸水透析 48 h，即得氨苯砜包被原。

（三）人工抗原的鉴定及偶联比测定

采用 TNBS 方法初步鉴定人工抗原的合成情况，并测定氨苯砜半抗原与牛血清白蛋白和卵清蛋白的偶联比。

三、单克隆抗体的制备

用 150 μg 的氨苯砜免疫原与等量弗氏完全佐剂混合制成乳化剂，颈背部皮下多点注射。二免和三免时，将弗氏完全佐剂换成弗氏不完全佐剂，剂量和方法同上，每次免疫间隔时间为 2 周，三免后第 7 d，小鼠尾部静脉采血，室温静置 1 h，4℃过夜，12 000 r/min 离心 10 min，收集血清，4℃保存，用间接 ELISA 法测定血清效价，待效价较高时，按照 150 μg/ 只的剂量腹腔注射加强免疫。3 d 后取小鼠脾脏进行细胞融合，以有限稀释法筛选阳性克隆，并按照常规方法制备腹水抗体，用饱和硫酸铵法纯化后备用。

四、酶联免疫方法的建立

（一）抗原抗体最佳工作浓度的确定

采用方阵滴定法确定包被抗原（氨苯砜半抗原 – 卵清蛋白偶联物）与单克隆抗体的最佳工作浓度。每孔加入 100 μL 最佳工作浓度的包被原包被酶标板，37℃温育 2 h；倾去包被液，经 PBST 洗涤液洗涤 3 次，用封闭液 37℃条件下封闭 2 h，洗涤 3 次，干燥备用。向包被有包被原的酶标板微孔中加入氨苯砜标准品溶液 50 μL，随机加入辣根过氧化物酶标记的羊抗鼠抗抗体溶液 50 μL，再加入最佳工作浓度的单克隆抗体溶液 50 μL，用盖板膜封板，25℃反应 30 min，用洗涤液洗涤 4 ～ 5 次。每孔再加入底物液 A 液（过氧化脲）和 B 液（四甲基联苯胺）各 50 μL/ 孔，25℃显色 15 min 后每孔加入 50 μL 2 mol/L H_2SO_4 终止液，设定酶标仪于 450 nm 处测定每孔吸光度值。

（二）标准曲线的制作

采用间接竞争 ELISA 方法建立标准曲线，分别选择标准品质量浓度为 0、0.1、0.3、0.9、2.7、8.1 μg/L，以质量浓度为 0 μg/L 时的 OD 值为 B_0 值，其他浓度氨苯砜标准品的 OD 值为 B 值，以百分吸光度值（B/B_0）为纵坐标，标准品浓度的对数值为横坐标，绘制标准曲线。

五、样本前处理方法的建立

（一）鸡肉、猪肉前处理方法

称取（2.0 ± 0.05）g 样本至 50 mL 聚苯乙烯离心管中，加入 7.5 mL 乙腈和 0.5 mL 水，振荡 2 min，4 000 r/min 室温（20 ～ 25℃）离心 5 min；取出 2 mL 上层有机相至 10 mL 干净的玻璃试管中，50℃下氮气吹干或旋转蒸发仪蒸干；加入 1 mL 正己烷，涡动 30 s，再加入 1 mL 复溶工作液，涡动 30 s；室温（20 ～ 25℃）4 000 r/min 离心 5 min；除去上层有机相，取下层 50 μL 用于分析。

（二）鸡蛋、蜂蜜前处理方法

称取（1.0±0.05）g 样本至 10 mL 离心管中；加入 4 mL 去离子水，振荡 30 s，取上层清液 200 μL 加入 600 μL 复溶工作液混匀；取 50 μL 用于分析。

（三）牛奶前处理方法

取 100 μL 样本至 2 mL 离心管，加入 500 μL 复溶工作液，混匀；取 50 μL 用于分析。

六、酶联免疫方法技术参数的确定

（一）样本检测限试验

取空白样本 20 份，按前述方法前处理后进行 ELISA 检测，从标准曲线上查出对应各百分吸光度值的氨苯砜浓度，以 20 份样本的质量分数平均值和标准差表示检测限（MDL）。

（二）准确度和精密度试验

以 3 个不同质量分数的氨苯砜标准品分别对空白鸡肉、猪肉、鸡蛋、蜂蜜、牛奶样本进行添加回收实验。

氨苯砜（DDS）为小分子物质，不具备免疫原性，只有反应原性，因此需要与一大分子物质共价结合后才能使动物免疫系统识别产生相应的抗体。合成免疫抗原通常采用小分子物质与载体蛋白直接偶联的方法，但是由于 DDS 相对分子质量较小，含有的可反应基团较少，使与载体蛋白偶联上的可能性大大降低；同时其结构简单，与载体蛋白偶联后由于缺少间接臂，可能影响 DDS 与抗体的特异性识别。因此，本研究先对 DDS 小分子物质进行结构改造，在保留其基本结构特征的基础上引入一定长度的间接臂，然后再与蛋白偶联，可以制备得到较高偶联比的人工抗原，在免疫时更易诱发产生特异性抗体。

目前，用高效液相色谱法、液相色谱－质谱联用法检测食品中氨苯砜的定量下限多在 0.12～5 μg/kg。作者建立的检测方法的半数抑制浓度（IC50）为 0.369 μg/L，对鸡肉、猪肉样本的检测限为 0.2 μg/kg，对鸡蛋、蜂蜜样本的检测限为 2 μg/kg，对牛奶样本的检测限为 0.6 μg/L，灵敏度较低。但由于 ELISA 方法对仪器、样品纯度和技术人员的要求不高，操作简便，检测时间短（45 min）、成本低，适合于大量样本中氨苯砜残留检测的快速筛选，能够更好地满足我国基层检测单位、政府职能监管部门等开展检测工作，具有较好的应用前景。

第八章　琼脂扩散实验

第一节　影响琼脂扩散实验因素分析

由于琼脂扩散实验操作简单、所用仪器少、结果容易判断，因此临床中常用于各种疾病诊断及抗体效价检测，但是琼脂扩散实验容易受到多种因素的干扰而导致实验特异性、敏感性、精确性等受到影响，甚至出现无法判定结果的情况。以下就琼脂扩散实验的主要影响因素进行分析，为能给实验室技术人员做琼脂扩散实验时提供参考和帮助。

琼脂扩散实验通常是指双向双扩散实验，实验原理是通过抗原、抗体在琼脂凝胶中由近及远不断自由扩散形成一定的浓度梯度，在适当比例相遇形成肉眼可见的沉淀线，并由此来检测抗体的效价或抗原鉴定和区分的一种技术。琼脂扩散实验操作简单、使用仪器少、结果容易判断，因此被越来越多的实验室技术人员所采用，但琼脂扩散实验容易受到多种因素的干扰而导致实验准确性降低，甚至结果无法判读，从而造成实验失败，因此了解琼脂扩散实验影响因素及处理方法有助于提高实验结果的准确度。

一、琼脂板厚度

琼脂扩散实验使用的琼脂板凝胶厚度应在 2～4 mm。琼脂板凝胶过厚，使用抗原和抗体体积增加，增加采样难度及试验成本，相反，琼脂板太薄也会影响实验结果，所加抗原和抗体总量减少，形成的沉淀线非常模糊甚至不出现沉淀线。

二、打孔器孔距及孔径

琼脂扩散实验的原理是利用可溶性抗原和抗体在琼脂凝胶中形成的网格自由扩散，在适当位置结合，形成沉淀线。打孔器孔径大小影响添加抗原及抗体的量，孔距大小与沉淀线形成的时间有关系，孔距过大及过小都不能形成沉淀线。孔径 4 mm 比 3 mm 的反应快且清晰。

三、是否添加防腐剂

添加防腐剂可以延长琼脂板保存期，降低在实验结果观察期内生长微生物的概率，防止琼脂板生长霉菌等微生物而无法观察记录结果，从而提高实验结果准确性。

四、封底

由于在剔除琼脂孔内琼脂的过程中，琼脂板底部容易松动，在加样时容易渗漏，形成梅花样的琼脂扩散实验结果，因此需要将琼脂板底部在酒精灯火焰上来回烤几次封底，看到孔底部干燥或者用手背感觉底部轻微烫手为止。

五、琼脂孔凝胶要完整

对琼脂板打孔过程中损坏的琼脂孔凝胶应放弃使用，以免影响实验结果准确性。

六、琼脂板内琼脂水分含量的影响

琼脂板凝胶水分蒸发，琼脂浓度及其他盐离子浓度增加，容易影响抗原和抗体的扩散。所以在进行琼脂扩散实验时，往往倒置琼脂板，然后放在一个有湿棉纱布的有盖搪瓷盘中，从而减少琼脂凝胶水分蒸发。

七、各梅花孔间距准确度

为了能够确保各梅花孔间距离一致，可使用梅花打孔器打孔，或者在一张纸上使用打孔器先画好要打孔的位置，然后将纸张垫在要打孔的琼脂板上，对着纸张上的孔打孔，从而保证各梅花孔间距一致。

八、加样

加样时不能让样本溢出导致液体混合，加样过程中吸取液体不要含有气泡，否则影响吸取液体体积的准确性。如果大批量检测样品，必须将被检血清、阳性血清和抗原先后加入一个梅花孔后再加入下一个梅花孔，防止加样时间间隔太长使扩散时间不同而影响抗原抗体结合及沉淀线的产生。

九、反应时间

抗原和抗体在琼脂凝胶中扩散需要一定时间，反应时间长短与抗原抗体添加量、温度、孔距和琼脂浓度有一定关系。

十、琼脂浓度

在琼脂扩散实验中琼脂主要作为一种空间、网状支持结构，允许通过物质的分子量与琼脂浓度成反比，实验中如果琼脂浓度过大容易阻碍抗原和抗体分子的扩散，降低实验敏感性和准确性。在微波加热溶解琼脂过程中水分的蒸发是影响琼脂浓度变化的主要原因，实验过程中应给予注意。

十一、琼脂板保存期

琼脂凝固后加盖，将平皿倒置，防止水分蒸发，放入4℃冰箱中保存备用，使用塑料袋套住琼脂板密封延长水分蒸发时间，1周内使用。

第二节　小鹅瘟的琼脂扩散实验操作

琼脂扩散实验（AGP）是血清学沉淀实验的一种，以琼脂凝胶作为抗原抗体免疫扩散和形成沉淀反应的载体。琼脂凝胶的含水量在90%以上，能允许分子量在200 000以下的大分子物质自由通过和扩散，绝大多数的可溶性抗原与免疫球蛋白的分子量都在200 000以下，所以能在凝胶内自由扩散。若特异的抗原、抗体在凝胶中各以其固有的扩散系数扩散，当两者在比例最合适的区域内相遇，反应生成的沉淀物的颗粒较大，停留在凝胶中不再扩散，即发生沉淀反应形成不透明的白色沉淀线。小鹅瘟琼脂扩散实验，可用标准抗原检测血清抗体，亦可用标准血清检测 GP 抗原，前者阳性检出率为 100%，后者检出率在 50% 以上。

一、实验仪器、设备及材料

标准 GP 抗原：将已知 GPV 种毒按 1 ： 10 稀释，接种于 12 ～ 14 日龄的无相应抗体的鹅胚尿囊腔内，0.2 mL/ 只，继续孵化，每天照蛋，收集接种后 72 ～ 120 小时死亡胚，气室向上静置 4 ℃冰箱 4 ～ 12 小时，收获尿囊液及具有典型病变的胚体，取 1 份胚体，2 份尿囊液捣碎制成匀浆，加等量三氯甲烷（氯仿）震摇 30 min，以 3 500 转 /min 离心 30 min，吸取上清液装入透析袋，包埋于干燥硅胶中过夜，至袋内溶液完全干燥，向袋内加入原液容量 1/20 的去离子水，使内容物溶解，即为沉淀抗原。

标准阳性血清：小鹅瘟高免血清。

被检抗原：无菌采取具有典型病变的患病雏鹅肝组织，捣碎加 2 倍量离子水，制备成组织悬液，参照制各标准 GP 抗原方法用氯仿处理硅胶包埋浓缩加入原悬浮 1/20 的去离子水为被检抗原。

被检血清：受检雏鹅血液自然析出的血清。

凝胶配方：琼脂糖：0.7 ～ 1.2 g，氯化钠 8 g，苯酚 0.1 mL，蒸馏水 100 mL。

凝胶制备：将各种试剂依次加入后，用 5.6% 碳酸氢钠溶液调节 pH 值在 6.8 ～ 7.6，水浴加热使琼脂糖充分溶解。将溶化的琼脂凝胶倾注于清洁的玻板上或平皿中，制成厚度约为 3 mm 的琼脂凝胶板。注意不要产生气泡。打孔方法同马立克氏病琼脂扩散实验。

打孔：在制备好的琼脂凝胶扳上打孔，其打孔图形按需要而定，一般采用七孔梅花图形，操作时，先用一张与凝胶板大小相仿的白纸片，按要求画好打孔图形，然后，将图形放在凝胶板底下，用打孔器依样打孔。

二、实验步骤

方法一：用 GB 标准抗原检测受检血清 GB 抗体。用移液管吸取标准 GB 抗原加入中心孔内，外周任何两个相对孔加入 GB 标准阳性血清，其余各外周孔加入各被检鹅的血清，容量以平孔面为度，注意不要溢出孔外，不要有气泡，并记录点样顺序。所有样本加入完毕，放入湿盒中 35 ～ 37℃恒温过夜，次日

（24 h）观察并记录结果。

方法二：用 GB 标准阳性血清检测 GB 抗原。用移液器吸取 GB 标准阳性血清加入中心孔内，外周任何相对的两孔加入标准 GB 抗原，其余外周孔分别加入受检鹅组织处理液，加入量以平孔面为度。注意不要溢出孔外，不要有气泡，并记录点样顺序。所有样品加完后，放入温盒置 35～37℃恒温箱中过夜，次日观察并记录结果。

三、结果判定

若受检血清有 GB 特异抗体或受检组织含有 GB 病毒抗原，则在抗原与抗体孔之间产生肉眼可见的清晰的白色沉淀线，此为阳性反应。相反，如抗原、抗体之间不出现沉淀线则为阴性。

沉淀线一般出现在抗原抗体孔之中间，但有时由于抗原浓度与抗体浓度不一，沉淀线往往偏近抗原孔或抗体孔，有时可能出现一条以上的沉淀线，这些情况均属阳性反应。

如果被检孔没有出现白色沉淀线，但邻接的阳性对照孔的沉淀线末端向该被检孔内侧偏弯，可认为该被检孔样品为阳性；若邻近的阳性对照孔的沉淀线末端向该被检孔直伸或向其外侧偏弯，或该被检孔虽然有沉淀线，但该沉淀线与阳性对照孔沉淀线交叉（属非特异性沉淀线），则此被检样品为阴性。

理论上，大多数传染病都可应用 AGP 实验做检验，目前常应用 AGP 实验检测的家禽传染病还有鸡马立克氏病、传染性法氏囊病、家禽脑脊髓炎、病毒性关节、滑液囊霉形体病、禽流感、禽霍乱等，基本原理和方法同上，具体操作可按试剂说明书进行。

第三节　琼脂扩散实验的影响因素及注意事项

琼脂扩散实验包括琼脂双向单扩散实验和琼脂双向双扩散实验，后者是最常用的琼脂扩散实验，一般用于抗体或抗原的定性检测，其原理是可溶性抗原与相应的抗体（抗血清）在琼脂凝胶中向四周自由扩散，如果抗原和抗体相对应，则在二者比例适当处形成肉眼可见的白色沉淀线，反之则不会出现沉淀线。常用已知抗原检测未知的血清样本，也可用已知抗血清检测未知抗原样本。

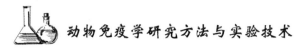

一、琼脂扩散实验的影响因素

（一）琼脂板的制备

琼脂板的质量、浓度、黏度、厚度、湿度等都会影响琼脂扩散实验的结果，琼脂浓度越低，则孔径越大，扩散速度也会越快；如果琼脂浓度越大，那么琼脂的黏度也会随之增大，扩散速度会相对减慢，建议使用较好的琼脂（琼脂糖），最适浓度为1%，厚度约2.5 mm，注意倒热融化琼脂液时不要产生气泡，而且空气中的湿度很低，琼脂中的水分容易蒸发，待琼脂冷凝后加盖，把平皿倒置，放在装有湿纱布的搪瓷盘中，防止水分蒸发，保证湿度。

（二）打孔

打孔是琼脂扩散实验中的关键，反应孔应现用现打，放在4℃冰箱中过夜后再使用。实验室常用梅花打孔器，然后用针头挑出内容物。用此种方法在打孔的过程中，注意挑出孔内容物时避免将凝胶划破，否则可造成孔与孔之间产生裂痕，产生错误的实验结果。如果试验检测的样品数量不是很多，还可以将若干梅花打孔器先放在空平皿中，孔口朝下，向平皿中倒入稍冷却的热融化琼脂液，之后迅速并平稳地放入4℃冰箱中，冷却后取出平皿，逐个轻轻拔出打孔器，根据实验需要重复此操作。打孔后用酒精灯轻烤平皿底部进行封底时，在酒精灯上来回几次，以平皿不烫手（微热即可）为宜，若是塑料平皿要注意烤的时间不要过长，以免变形，待琼脂刚刚融化为止，防止琼脂板与平皿底部脱离导致阳性血清、被检血清及抗原相互串通，避免出现模糊的沉淀环，影响实验结果。

（三）加样

在加样之前，首先在琼脂板上标记好实验日期及样品编号，加样过程中小心谨慎，每个样品加完后都要换枪头，避免产生小气泡，需要注意的是每孔会因受人工操作的影响在封底时各孔的容积不同，在加样时注意不要让样品溢出导致液体混合。如果检测样品量大，必须将被检血清、阳性血清和抗原先后加入一个梅花孔后再加入下一个梅花孔，防止加入的时间间隔太长而扩散的时间不同进而影响抗原抗体结合及沉淀线的产生。

（四）判定结果

当标准阳性血清和抗原孔之间只有一条明显致密线时，被检血清与抗原孔形成沉淀线，或阳性血清的沉淀线向相邻的被检血清的抗原侧偏弯，则被检血清为阳性。如果被检血清没有出现任何沉淀带，或出现的沉淀带与阳性对照沉淀带完全交叉则判为阴性。观察时需借助强光源，调整角度、方位直到阳性血清和抗原孔之间出现清晰白色沉淀线则试验成立，否则应重做。

二、注意事项

（一）温度

温度对整个试验也会有影响，制备琼脂板时融化琼脂需在水浴中进行，注意避免在加热过程中由于水分的蒸发而影响溶液的浓度，在琼脂中加入 0.01% 的硫柳汞防止细菌污染，避免腐败。在一定条件下，温度越高扩散越快，通常反应在 0～37℃进行，在试验中为保证沉淀线清晰度，防止沉淀线变形，可在 37℃下形成沉淀线，然后置于 4℃条件下。

（二）时间

扩散时注意时间，时间过短不能出现沉淀线，时间太长会导致沉淀线解离或散开出现假阴性而影响实验结果。沉淀线的形成一般在 24 小时、48 小时、72 小时，过久沉淀线会消失。

（三）其他因素

不规则的沉淀线可能是加样过满溢出、打孔时孔型不规则、边缘开裂、孔底渗漏、抗原抗体浓度不同、孵育时平皿未放平等所致，所以在做琼脂扩散试验时一定要进行对照，以免出现假阳性。

第四节 马传染性贫血琼脂凝胶免疫扩散试验

马传染性贫血病简称"马传贫"是马属动物以反复发作、贫血和持续病毒血症为特征的传染性疾病，被世界动物卫生组织列为 B 类疫病，我国农业部（现为农业农村部）将其列为二类动物疫病。琼脂凝胶免疫扩散试验诊断方法是根据《陆生动物诊断试验和疫苗标准手册》和我国实际情况制定的。该方法在国际贸易中为指定的诊断方法，并且简便、快速。长久以来各地区在防治马传贫工作中，仍以琼脂凝胶免疫扩散试验法为主要检测手段。

但是，该试验容易受到多种因素的影响而导致试验特异性、敏感性、精确性以及结果判断准确性受影响。本节作者根据多年试验经验，就各种因素及试验注意事项对马传染性贫血琼脂凝胶免疫扩散试验的影响进行逐一分析，以供同行参考。

一、试验的影响因素

（一）抗原、抗体因素

1. 抗原、抗体的水溶性

马传贫琼脂扩散试验是利用可溶性的抗原与抗体在琼脂凝胶网格中的水中自由扩散相互结合形成沉淀线来判断结果的。该试验要求抗原与抗体必须是水溶性的，所以一些颗粒性的抗原如细菌、红细胞等是不溶的，这样的抗原相对应的抗体效价就不能用琼脂扩散试验来测定。抗体在非等电点 pH 值条件时都是水溶性的，所以，试验中调节好琼脂板的 pH 值就不会影响抗体的水溶性。抗原抗体的水溶性是琼脂扩散实验的首要条件。

2. 抗原、抗体浓度和纯度

马传贫琼脂扩散试验中所形成的沉淀线的粗细、清晰度与抗原抗体的量成正比。抗原、抗体浓度较高时，试验的敏感性提高，容易形成清晰可见的沉淀线。但是浓度过高就有可能导致连线或无法判断结果。抗原与其对应的抗体的反应属于特异性反应。但是如果两者纯度较低，含有过多与反应无关的蛋白质、类脂质、多糖等非特异性物质，往往抑制抗原抗体的特异性、敏感性。

3. 抗原、抗体的反应比例

在马传贫琼脂扩散实验中，过多的抗原或抗体都可能降低实验敏感性。当抗原抗体的反应比例适宜时，抗原抗体结合后尚未达到饱和的位点可与其他游离的抗原抗体继续结合，逐渐形成越来越大的复合物，最后在抗原与抗体孔之间形成肉眼可见的沉淀线。此时反应最快、最明显。但当两者的反应比例不适合时，少的一方在聚合初期就达到饱和，沉淀线变得不清晰甚至没有沉淀线，而且沉淀线会偏移，向量少的一方移动。

（二）琼脂及琼脂板因素

1. 琼脂粉的质量

琼脂中的不溶性杂质和矿物质等是影响琼脂扩散试验结果的主要因素。不溶性杂质能直堵塞琼脂的网格，这样的杂质过多会影响抗原抗体的扩散，为了避免这些杂质的影响，可选择高质量的琼脂糖制作琼脂板。琼脂中的矿物质、金属盐离子等可能导致抗体、抗原变性或被破坏，影响实验结果的精确性。

2. 琼脂的浓度、黏度

在此琼脂扩散实验中琼脂主要作为一种空间支持结构。它溶于水，冷却凝固后内部形成多孔的网状结构，可允许大分子物质自由通过。孔径的大小与琼脂浓度成反比。实验中常用的琼脂浓度为 0.8% ～ 1.5%。1.0% 琼脂凝胶孔径为 85 nm，大多数抗原、抗体都可以在其中自由扩散。所以，实验中如果琼脂浓度增大容易阻滞抗原抗体的扩散，降低实验敏感性。琼脂的浓度应该根据具体实验的要求进行确定。琼脂质量和加热溶解过程水分蒸发是导致琼脂浓度变化的主要原因，实验中应予以注意。另外，琼脂的黏度也是影响实验结果的因素之一。琼脂黏度过大，抗原抗体扩散速率减慢，降低实验敏感性。

3. 电解质

电解质的存在可以降低免疫复合物表面的阴电荷，促使其沉淀。所以，适当浓度的电解质对免疫复合物沉淀线形成有促进作用。但是，过高浓度的电解质反而不利于抗原抗体沉淀物的形成。原因：①过高浓度的电解质阻止蛋白质与水分子的相互作用，破坏蛋白质表面的水化层，产生盐析效应，使抗原抗体发生非特异性的沉淀。②抗体复合物形成是一个动态过程。过高浓度的电解质可使抗原抗体结合物离解。过高浓度的电介质能降低实验的特异性、精确性。临床中最常用的电解质为 pH 值为 7.2 的 0.01 mol/L 的磷酸盐缓冲液（PBS）。

4. 琼脂的熬制时间

按 1% 左右（0.8% ～ 1.5%）的比例加入 pH 值为 7.2 的 0.01 mol/L 的磷酸盐缓冲液（PBS），水浴煮沸融化最好不少于 20 min。一方面，要待琼脂完全溶解，琼脂溶解不完全将会严重影响抗原抗体的扩散，甚至直导致试验失败。另一方面，熬制时间过短，制作出的琼脂板易滋生细菌，影响试验的判断。

5. 琼脂板的厚度

琼脂扩散试验使用的琼脂板的厚度应为 2 ～ 3 mm，且制作琼脂板时不要产生气泡。如果琼脂板太厚，一方面，可能导致抗原抗体复合物聚合量较少，形成的沉淀线不清晰，降低试验的敏感性；另一方面，琼脂板太厚又可导致抗原或抗体扩散的不均匀性概率增大，可能出现琼脂底部与表面产生的沉淀线不在一个平面上的现象，沉淀线发生扭曲，影响结果判断。相反，琼脂板太薄也会影响到试验的结果。

6. 孔间距离

抗原抗体的孔间距离也能影响琼脂扩散试验的结果。当两者之间的孔距在 3～5 mm 时，抗原抗体既能形成合适的浓度梯度又能充分结合。当两者的孔间距离过大时，虽然能形成合适的浓度梯度，但由于抗原抗体量太少不能充分结合，敏感性降低。相反孔距太小，试验敏感性提高，却不能形成合适的浓度梯度。根据要求可按相应模板打孔，也可用组合打孔器打孔。现在一般多打成梅花形孔。挑孔内琼脂时，注意不要挑破孔缘，以免对试验结果有影响。

7. 试验用水的影响

马传贫琼脂扩散试验的结果在很大程度上受到试验水的影响。如果实验用水中含大量重金属离子如铅、汞、铜等，会使蛋白质成分的抗原或抗体变性失去活性，不能再发生特异性反应，降低实验结果的精确性。配制 pH 值为 7.2 的 0.01 mol/L 的磷酸盐缓冲液（PBS）时使用无离子水和蒸馏水，溶解琼脂可以有效解决该问题。

二、反应条件

（一）反应温度

抗原抗体的反应速度、结合程度与反应温度高低有密切关系。温度高，分子运动加快，增加抗原抗体碰撞概率，反应会加快，但当温度过高时反应速度反而变慢，抗原抗体复合物往往会重新解离，甚至会被破坏。反应温度低时，反应速度变慢，但抗原抗体结合完全，沉淀量增多，结果清晰，但温度过低也会导致试验失败。马传贫琼脂扩散试验的最适宜反应温度为 15℃～30℃。

（二）空气湿度

马传贫琼脂扩散试验是抗原抗体在琼脂网格的水中扩散时形成的结果，如果空气中湿度太低，琼脂中的水分很容易蒸发，使琼脂网格中的水分减少，琼脂孔径变小，不利于抗原抗体的自由扩散，降低实验敏感度和精确度。所以，在进行琼脂扩散试验时，往往倒置平皿，然后放在一个有湿棉纱布的有盖搪瓷盘中，以防水分蒸发。湿度过大可能使琼脂表面形成水滴，导致抗原抗体发生混合，也会影响试验结果的判断。

三、注意事项

（一）加样

样品加入孔内时，注意不要产生气泡，以加满为度。加少了，影响反应程度，加多了，易溢出，也影响反应结果。

（二）封板

打孔后琼脂底部融封效果也能影响琼脂扩散试验的结果，在火焰上缓缓加热，且加热要均匀，使孔底边缘的琼脂少许熔化，以封底，以免加样后液体从孔底渗漏，影响试验结果。

（三）结果判读

在观察结果时，最好从不同折光角度仔细观察平皿上抗原孔与受检血清孔之间有无沉淀线。为了观察方便，可在与平皿有适当距离的下方置一黑色纸等，有助于观察。

用作血清流行病学调查时，将标准抗原置中心孔，周围1、3、5孔加标准阳性血清，2、4、6孔分别加待检血清。待检孔与阳性孔出现的沉淀带完全融合者判为阳性。待检血清无沉淀带或所出现的沉淀带与阳性对照的沉淀带完全交叉者判为阴性。待检孔虽未出现沉淀带，但两阳性孔的沉淀带末端在近待检孔时，两端均向内有所弯曲者判弱阳性。若仅一端有所弯曲，另一端仍为直线者，判为可疑，需重检。重检时，可加大检样的量。检样孔无沉淀带，但两侧阳性孔的沉淀带在近检样孔时变得模糊、消失，可能因为待检血清中抗体浓度过大，致使沉淀带溶解，可将样品稀释后重检。

不规则的沉淀线可能是加样过满溢出、孔型不规则、边缘开裂、孔底渗漏、孵育时没放水平、扩散时琼脂变干燥、温度过高蛋白质变性或未加防腐剂导致细菌污染等所致。

抗原抗体的比例与沉淀带的位置、清晰度有关。如抗原过多，沉淀带向抗体孔偏移和增厚，反之则相反。可用不同稀释度的反应液实验后调节。

总之，多种因素都可以影响琼脂扩散实验的特异性、敏感性、精确性，其至导致结果无法判断。这就要求实验工作者在试验中应严格按照要求进行操作，并积极总结经验及实验中的注意事项，在实践中摸索掌握马传染性贫血琼脂扩散实验的要点。

第九章 动物免疫学实验的实践研究

第一节 自身免疫性甲状腺炎实验动物模型的研究

自身免疫性甲状腺炎（AIT）是一种常见的器官特异性自身免疫疾病。目前，AIT 发病机制还不明确，阻碍了新的有效治疗方法的研发，AIT 动物模型的开发应用是 AIT 研究的重要手段。AIT 的动物模型方法主要有异源性甲状腺抗原免疫法、脾细胞体外活化移植诱导法、重组促甲状腺素受体（TSHR）多肽免疫法、cDNA 疫苗免疫法、高碘诱发法及自发性模型。通过对动物模型研究进展进行讨论，旨在建立一个经济、有效的动物模型，以求进一步系统研究自身免疫甲状腺病（AITD）的发病机制及防治。

自身免疫性甲状腺炎是一种常见的器官特异性自身免疫疾病，是自身免疫甲状腺病的一种，临床上主要分为桥本甲状腺炎（HT）、萎缩性甲状腺炎和产后甲状腺炎（PPT）等。这类疾病最显著的特点是甲状腺被浸润性单核细胞逐渐破坏，最终导致甲状腺功能减退。临床检查可见甲状腺过氧化酶抗体（TPOAb）和甲状腺球蛋白抗体（TGAb）水平明显升高，同时伴有甲状腺功能改变，早期可表现为甲状腺功能亢进、正常或减退，后期发展为甲状腺功能减退。近年来随着人们对碘摄入增多，生活方式和环境等多种易感因素的改变，该病发病率呈逐年上升趋势。其发病机制尚不明确，可能与遗传因素、细胞因子、细胞凋亡及微量元素等有关。越来越多的学者为进一步探讨其确切的发病机制，寻求更合理有效的防治措施，利用实验动物建立了实验性 AIT 动物模型，作者就近年来的研究情况进行简要论述。

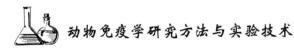

一、实验性自身免疫甲状腺炎

AIT 模型的成功标准为两部分：实验性自身免疫甲状腺炎 EAT 模型中动物血清学检查发现高水平的甲状腺自身抗体和病理学检查发现甲状腺组织不同程度的淋巴细胞浸润，并按其浸润的严重程度分级量化评判。

异源性甲状腺抗原免疫法研究表明，在 AIT 中甲状腺球蛋白（Tg）是重要的自身抗原，占甲状腺总蛋白的 75% ~ 80%，并与 EAT 的发生密切相关。实验动物，无论是对 Tg 或 Tg 肽高应答的 H-2^k、H-2^s 种系，还是低应答的 H-2^b、H-2^d、H-2^v 种系鼠类，经 Tg 或 Tg 肽免疫后，发生抗原决定簇的扩散现象，产生如 TgAb、TPOAb、TmAb 等甲状腺自身抗体，激活免疫反应，进而使甲状腺组织呈现不同程度淋巴细胞浸润，破坏甲状腺滤泡细胞，最终导致 AIT 的发生。因此，研究中通常用 Tg 配合佐剂联合进行多点皮下注射诱导动物（小鼠、大鼠、鸡、犬等）自身产生免疫应答而诱发 AIT。

异源性甲状腺球蛋白方面，主要有猪 Tg（pTg）、鼠 Tg（mTg）、牛 Tg（bTg）。国内主要选用 pTg 联合弗氏佐剂，而国外常用鼠 Tg 免疫诱导动物产生 EAT。郭丹等分别利用 pTg 和 mTg 联合弗氏佐剂诱导 CBA/J 小鼠建立 EAT，比较了相同基因背景下、相同剂量 pTg 和 mTg 免疫诱导产生 EAT 的效果。结果显示利用 CBA/J 小鼠建立模型时，mTg 为适宜抗原。此外，有学者利用 4 周龄雌性 Lewis 大鼠 bTg 联合弗氏佐剂免疫成功地建立了 EAT 模型，得知碘摄入升高了血清中白介素 -10 的水平，对 EIT 的发展起到了促进作用。另外，可用重组鼠甲状腺过氧化物酶（rmTPO）和豚鼠促甲状腺素受体（TSHR）等免疫诱导 EAT 的发生，但目前应用较少。

动物选择方面，以雌性鼠科动物诱导为主，一种为免疫易感鼠，主要是拥有 MHC、H-2^k 和 H-2^s 基因遗传背景的鼠类，包括 Lewis、BB 大鼠；TA-1、NOD、CBA/J、BALB/C 等小鼠品系。研究人员利用拥有 H-2 遗传背景的 BALB/C 和 C57BL/6 雌性小鼠，通过 mTg 免疫诱导产生 EAT，以研究白介素 -10 是否通过 H-2 起作用及其可能的作用机制，此法成功率高，且对遗传因素作用机制研究有明显优势，但成本高、饲养环境要求严格。另一种为正常小鼠或大鼠。此方法经济、简单，且用普通鼠的最大优势是在以后的研究中可以观察各种致病因素对其基因型的影响，即环境、免疫等因素是否可以诱导基因的异常表达。

脾细胞体外活化移植诱导法。易感系供体小鼠经 mTg 联合弗氏佐剂或脂多糖诱导后处死，收集活化的脾细胞，经含 mTg 的完全培养基中培养后，转移到同源受体小鼠，诱导 EAT。经 mTg 活化 T 细胞的受体发展为淋巴细胞性 EAT，而采用易感 CAB/J 小鼠诱导后的受体发展为严重的组织学截然不同肉芽肿性 EAT，是研究肉芽肿性甲状腺炎的重要方法。此法诱导肉芽肿性 EAT，其炎症浸润程度约在受体接收活化脾细胞第 20 天后达到最大，此阶段甲状腺损害程度决定其在第 60 天后的转归——缓解或进展为纤维化。

重组 TSHR 多肽免疫法。TSHR 是一种膜受体，此方法是指用细菌培养产生重组 TSHR 的融合蛋白的细胞外部分与麦芽糖结合蛋白联结形成的活性多肽免疫同源小鼠，使小鼠体内产生甲状腺刺激抗体，诱导小鼠 AIT 发生的方法。将重组 TSHR 活性片段注入 BALB/C 小鼠体内，可以诱导 EAT 的发生。但是此法操作过程比较复杂，成功率较低，故应用比较少。

cDNA 疫苗免疫法。cDNA 疫苗可以对传染病和实验性癌症产生保护性免疫，或作为可提供治疗剂量的基因产品。该法一般适用于 Th1 型的免疫疾病，有研究者利用 RT-PCR 和 Pfu 酶产生人 Tg（hTg）编码序列的几个重叠片段，其参与重叠扩增 PCR，以及在 Tg 编码序列中使用特异的限制性位点，加载质粒，得到 hTg cDNA，联合电穿孔法，将其接种于 C3H/Hen 小鼠特定肌群中。该疫苗可长期、内源性地表达抗原，产生长期的体液和细胞免疫，从而维持和促进甲状腺自身抗原的免疫反应，诱导 EAT 的发生。该法在研究外周免疫耐受方面与上述异源性甲状腺抗原免疫法相比更为准确。但此法处于初步研究阶段，尚未成熟，成功率较低，需进一步探索。

高碘诱发法。碘是诱发 AIT 的重要致病因素，流行病学显示：高碘地区 AIT 的发病率明显高于非高碘地区，患者尿碘与血清 APO-Ab 和 Tg-Ab 呈正相关。过量碘摄入可诱发和加重易感动物 AIT 的发生和发展，且过度碘化的甲状腺自身抗体其抗原性有所增强。研究不同剂量慢性碘过量诱导易感型小鼠时，可见碘过量引起的甲状腺肿，其质量与用碘量成正相关，与甲状腺上皮细胞超微结构的损害存在剂量依赖，甲状腺炎的发生率以及甲状腺的淋巴细胞浸润程度随着剂量的增加逐渐增加，且随摄入时间的延长，损伤的程度加重，引起小鼠甲状腺的功能改变，最终导致小鼠甲状腺功能减退。此法简单易于施行，但单纯高碘饮食诱发 AIT 的成功率较低，需与其他条件配合进行。相关研究表明高碘与 Tg 免疫对于自身抗体水平的升高具有协同作用，高碘摄入使 Th1/Th2 的平衡向 Th1 偏移，可加剧 Tg 免疫 EAT 模型的炎症反应。现多采取高碘联合 Tg 诱导 EAT 易感或非易感株鼠系作为 EAT 的理想模型。

二、自发性自身免疫甲状腺炎

一些动物在没有任何外界因素干预的情况下也会自发出现 AIT，这种自发产生的甲状腺炎称为自发性自身免疫甲状腺炎。

Nod 小鼠是 1 型糖尿病自发模型之一，小部分可存在甲状腺自发单核细胞浸润，病变轻微。在此基础上，美国培育出可以在甲状腺细胞表面表达 MHC-l II 类分子 H-2^k、I-Ak 及 Dk，仅发生轻度胰岛炎而不发生糖尿病的 SAIT 小鼠 NOD. H-2h4。在用含有 0.05% 碘化钠（NaI）（相当于成人每日摄碘量的 1 000 倍）饮用水喂养 7～8 周龄的 NOD. H-2h4 小鼠 8～10 周后，接近 100% 的小鼠可以发展为自发性自身免疫甲状腺炎（SAIT），其发生发展需要 CD4+T 细胞和 B 细胞的共同参与，12～16 周后其慢性炎症的严重程度最高。在不给碘的条件下，28～40 周龄的 NOD.H-2h4 小鼠，其 AIT 的发生率为 60%～70%。NOD.H-2h4 小鼠 AIT 的病理学检查与 HT 患者类似，都表现为甲状腺中 CD4 和 CD8+T 细胞、B 细胞以及其他单核细胞的浸润。目前，大量实验采用碘过量联合 NOD.H-2h4 小鼠模型以探讨 AIT 的可能致病机制，该模型成功率高，实验简便，但国内该品种鼠类引种少，且购价昂贵。

此外，还有其他 SAIT 动物模型，如 OS 鸡、Beagle 犬等，但受限于经费和饲养条件的要求，且缺乏相关检测试剂盒，目前较少开展。近年来 SAIT 主要以 NOD.H-2h4 小鼠为主。

总之，经过多年研究探索，AIT 模型的建立在逐步成熟。尽管某些种系的实验动物由于特有的遗传缺陷可自发产生 AIT，但也使其应用受到诸多限制。EAT 已成为研究人类 AIT 的重要工具，国外学者常采用一些有免疫缺陷的易感动物来复制 EAT，又以 NOD.H-2h4 小鼠为主，但 EAT 的品系来源受严格的变异种系筛选条件的限制，无论是人为的破坏免疫功能抑或利用转基因的方法，成本均很高，技术要求也较高，历时较长，且动物可能需要特殊的饲养环境，目前国内尚缺少研究推广的相关条件。利用普通鼠免疫诱导 EAT 可探讨环境、免疫等可能致病因素对基因型的影响。目前，利用甲状腺自身抗原成分联合佐剂免疫动物或联用高碘诱导法是理想的造模途径，国内应用较多。脾细胞体外活化移植诱导法、重组 TSHR 多肽免疫法、Tg 致敏的树突状细胞诱导免疫法等，同时为 EAT 模型的构建提供了广阔的思路。碘过量诱导法尤适用于碘过量对 AIT 致病机制的研究。AIT 是一个综合性疾病，由于遗传、性激素、细胞因子、药物和环境等多因素都对 AIT 的发生发展具有重要影响，因此，在选择建造

EAT 模型方法的同时要综合考虑动物种系、性别的差异以及饲料中的碘含量等问题。建立一个经济、有效的动物模型，对系统研究 AIT 的发病机制及防治具有重要意义。

第二节　遗传标记和免疫学方法在实验动物质量控制中的应用

生命科学的发展离不开实验科学，实验科学发展的最终目的是实现实验动物的标准化和动物实验过程中程序的规范化，只有这样才能保证实验结果的准确性、可靠性和完整性。因此，在现代研究过程中，将实验过程中所选用的动物逐渐由低级向高级过渡就显得极为重要，但这一过程要对实验过程中所选取的实验动物进行标记处理，同时还需要运用有关免疫学方面的知识，以保证实验动物的质量。基于此，本小节阐述现阶段实验动物质量控制的相关内容。

动物实验研究为人类研究出乙肝疫苗、甲肝疫苗、流感疫苗、手足口病疫苗等做出了重要的贡献。进行动物实验研究，是生物制品研究阶段最重要的过程，如果在生物制品研究过程中缺少动物研究，那么提供给人类的生物制品就如同一颗定时炸弹，人类随时可能面临被毁灭的危险。随着科学技术的发展，我国现阶段的实验动物研究正朝着高质量的方向发展，最早对进行生物制品实验研究的动物要求为普通级即可，后来要求所选用的实验动物为清洁级别，而现在的用于生物制品实验研究的动物已经要求为 SPF 等级。《实验动物微生物等级及监测》国家标准也于 2001 年 8 月重新修订，并在 2002 年 5 月 1 日起开始正式实施，该国家标准中要求，用于生物制品研究的实验鼠不能用普通级别的。同时，国外也有相关文件提出了同样的要求，因此，在生物制品的实验研究过程中，对实验动物的质量进行控制显得尤为重要。要控制好实验动物的质量，使用遗传标记和免疫学方法来实现实验动物的质量控制是目前研究的主要方向。

一、遗传标记在实验动物质量控制中的应用

遗传标记是指在实验动物质量控制过程中，对动物体内的染色体或者染色体某一片段进行追踪。遗传标记的方法目前在实验动物的质量控制研究中被广

泛应用。对实验动物进行遗传标记的方法因为实验研究的差异目前分为很多种，以下将对各方法的使用研究现状进行总结。

（一）遗传标记的方法

1. RAPD 遗传标记

RAPD 遗传标记方法是以 PCR 技术为基础，对需要标记识别的染色体或者染色体片段进行体外扩增，然后通过电泳分离后来观察相应区域 DNA 的多态性的一种新型遗传标记方法。虽然这种遗传标记方法被使用的时间不是太长，但由于其在检测过程中具有方便、简洁、易于操作等优点，已经被研究者广泛应用于各个相关领域的研究中。虽然 RAPD 是以 PCR 为基础进行的基因检测，但是 PAPD 不需要像 PCR 技术那样专门设计引物，同时反应温度只需要在人体温度下就可以进行，正是由于其这一特性，在遗传标记的实验研究中，该方法被广泛使用。

2. 表达序列标签标记

表达序列标签标记方法可以作为需要表达序列所在区域的分子标签，与其他来自非表达序列的标记相比，可以穿越表达序列的家系与种的限制。表达序列标记方法可以对 cDNA 文库中的随机克隆测序从而得到 cDNA 序列片段，这个获得的序列片段是一个完整基因中的一小部分，这一小部分基因代表生物体某种组织某一时期的基因表达。由于表达序列标签标记方法的特殊性，在基因组进化研究领域将得到广泛应用，具有广阔的应用前景。

3. 单核苷酸多态性遗传标记

单核苷酸多态性遗传标记属于第三代遗传标记，是医学、药物遗传学、人类遗传学、法医学等多学科研究的热点，是研究过程中的重要工具。这种遗传标记方法在遗传学研究中发挥着重要的作用。

4. 细胞遗传学标记

在生物学研究中，能够明确显示遗传多态性的细胞学特征及染色体的机构特征和数量等的遗传学标记方法被称为细胞遗传学标记。现有的研究结果表明，染色体作为遗传物质的载体，在物种中其结构不是完全保持不变的，在每个物种中存在一定的差别，产生差别的主要原因是染色体的变异、易位和缺失等。运用细胞遗传学标记方法，可以将某一物种中现有动物的染色体和其祖先进行对比，找出该物种遗传和变异的特性，为该物种的育种提供较好的研究方向。

通过细胞遗传标记可以确定所要研究的基因在该物种中染色体上的位置，从而可以在该物种群体中对所要研究的基因进行准确标记。

（二）遗传标记的应用研究

1. 遗传的多样性评价

遗传多样性研究的主要内容为等位基因的组成及等位基因的数目、平均有效等位基因数、观察杂合度、平均期望杂合度等。随机扩增多态性 DNA 标记方法，是从遗传物质的分子水平来揭示同一物种中个体间的差异和物种之间的相关性的。表达序列标签遗传标记与传统的遗传标记方法相比，大大提高了遗传标记的工作效率，同时也避免了定位不准确的弊端，具有很好的遗传多样性评价效果。

2. 物种及亲缘关系的确定

在动物育种中，要先选择实验动物，接下来要确定实验动物之间的亲缘关系，这是动物实验育种的基本前提。由于微卫星遗传标记方法可以通过分析等位基因在多卫星位点出现的频率，描绘出该品系基因的特点，因此用该方法可以对该品系中等位基因出现的位点进行监测，可以对相关物种进行更为准确的分类。细胞遗传学标记是运用染色体显带技术对核型分析后再鉴定亲缘关系。

3. 研究物种的遗传结构分析

在物种种群结构的遗传分析研究中，微卫星遗传标记方法是遗传学标记研究中一种比较受欢迎的方法，在不同实验条件下不会对实验结果产生影响，同时也可以为研究物种的多态性提供更丰富的信息。

二、免疫学方法在实验动物质量控制中的应用

免疫学是一门由经验逐渐走向成熟的研究科学，目前的免疫学研究已经步入分子研究阶段，同时分子研究方法也已经运用在生物制品的研究开发和动物实验过程中，不同级别的实验动物其免疫功能也存在一定的差异。实验动物的等级是以对实验动物中微生物和寄生虫的控制程度进行分类的，一般可以分为 4 个等级。等级一是普通动物，是指所选定的动物不携带标准中所规定的人兽共患的病原、寄生虫及动物烈性传染病的病原。等级二是清洁动物等级，是指所选动物首先要符合普通动物等级要求，同时还不得携带对动物危害大及对科学研究干扰大的病原虫和寄生虫。等级三是特定病原体动物等级，是指所选的

动物不但要符合清洁动物等级要求，还不得携带主要潜在感染或条件致病和对科学研究影响大的病原和寄生虫。等级四是无菌动物，是指不能检出任何生命体的动物。在实验动物免疫学质量控制过程中，除了对动物进行等级控制外，还要对动物生存的环境及日常的饮食进行控制。

（一）影响动物免疫功能的外在条件

1. 水源

影响动物免疫功能的水源为矿泉水，相关研究表明，矿泉水可以通过提高人体内红细胞的超氧化物酶活力，从而改善人体的新陈代谢及心脑血管系统功能，但是矿泉水却对动物的生长发育和生产繁衍等监测指标无明显的促进作用。

2. 膳食

食物是影响动物机体的主要因素，实验研究表明，L-精氨酸对于小鼠在高温应激条件下产生的胸膜和脾脏的急性萎缩具有很好的缓解作用，能很好地缓解热应激对小鼠免疫功能的抑制。

（二）免疫学方法在实验动物质量控制中的应用

1. 诊断疾病

机体的免疫功能主要分为先天具有的免疫和后天获得的免疫。机体的免疫功能是为了保持机体生理功能的相对稳定，保证机体正常的新陈代谢，如果机体的免疫功能异常，必然会使机体的生理功能发生异常，最终产生病变，通过监测机体免疫功能，可以很好地预测机体生理功能发生的异常及病变的情况。

2. 监测微生物

对实验动物进行微生物监测是实验动物质量控制的主要指标，现有微生物监测方法有酶联免疫法、免疫印记法、夹心法、酶联免疫化学发光法等。

第三节　实验性自身免疫性重症肌无力动物模型研究

重症肌无力（MG）是一种神经－肌肉接头处传递障碍的获得性自身免疫性疾病。据统计，该病的发病率为 8 ～ 20/10 万，且近年来发病率呈逐年上升趋势，以老年人为主。为进一步研究该病的发病机制及治疗方法，动物实验越来越被关注。作者就近几年有关该病的动物实验模型制备做一阐述。

一、EAMG 的免疫方式

（一）主动免疫法

以 AChR 蛋白为免疫原目前最为经典的造模方法主要是从丁（氏）双鳍电鳐的电器官分离乙酰胆碱受体（AChR），通过 Folin- 酚试剂法及酶联免疫吸附法检测提取 AChR 的含量及活性；以提取的 AChR 与完全弗氏佐剂（CFA）充分混合，分别于实验大鼠的足垫、腹部及背部皮下多点注射乳剂 1.5 mL，第 4 周再次注射上述乳剂于免疫大鼠。CFA 对照组只接受等量 CFA 皮下注射。此种造模方法是目前最为经典、成模率最高的一种实验方法，沿用至今。但是在实际中操作难度较大，原因是双鳍电鳐本身稀有，难以捕获，并且从中提取 AChR 过程复杂，因此在实际实验中存在着一定的困难，难以推广使用。以人工合成的 AChR-α 亚基多肽为免疫原 AChR 是由 2 个 α、1 个 β 和 1 个 γ 亚基组成的，3 个亚基各有其生理功能，但 α 亚基是引起 MG 的抗原决定簇。随着科学技术的迅速发展，目前市场上已经存在多种人工合成的 AChR 的 α 亚基多肽，电鳐中提取 AChR 的 α 亚基多肽代价太高，人工多肽逐渐被医学界接受。目前使用最多的人工多肽为鼠源性乙酰胆碱受体 α 亚基 97-116 肽段、α138-167 肽段、α125-147 肽段、α129-145 肽段、α1-210 肽段等，其免疫过程与徐浩鹏等实验的方法基本一致。近 10 年的实验研究主要侧重此实验试剂及方法，而近 5 年的实验研究更少。但文献报道中显示，每个实验的动物模型例数较少，大多在 30 只左右，缺少大批量的实验动物。作者通过多次实验研究，分别采用人工鼠源性乙酰胆碱受体 α 亚基 97-116 肽段、α129-145 肽段进行免疫 Lewis 大鼠，实验过程严格按照徐浩鹏等的实验方法操作，但最终成模率不足 30%，显示人工合成的 AChR 的 α 亚基多肽诱导 EAMG 成功率并不理想。最新文献报道，使用 AChR(m97-116)肽段 -CD205 融合单链抗体进行免疫 C57 雌性小鼠共 2 只，成模率 100%，但数量减少，有待于进一步实验证明。

（二）被动免疫法

1. 采用 MG 患者血清中 AChR 抗体 MG 被动免疫小鼠模型的制备

采用未进行手术或未使用激素及免疫抑制剂治疗的患者的阳性血清（SPMG），正常人的血清为阴性血清（SNMG），每日分别在小鼠腹腔内注射 SNMG 或 SPMG 患者血清 0.6 mL，连续 7 d。所有小鼠在注射血清后 24 h 腹腔注射环磷酰胺（30 mg/kg）以抑制免疫反应。研究人员通过胸腺移植建立 EAMG，通过移植 MG 患者的胸腺组织至严重免疫缺陷小鼠肾被膜下 1～2 周后，在实验小鼠血清中可检测到抗人 AChR-Ab，11 周时抗人 AChR-Ab 滴度可升高至重度 MG 水平。实验结果表明，MG 患者的胸腺组织可以诱导 EAMG。由于 MG 患者血清中存在各种异常的免疫蛋白及炎症介质，所以在模型制备过程中是否存在干扰，目前无人研究，故此种造模方法尚不能被多数医家接受。

2. 采用乙酰胆碱受体单克隆抗体建立动物模型

此实验方法选择的主要抗体是乙酰胆碱受体（nAChR）单克隆抗体 mAb35，主要是通过 mAb35 注射 C57BL/6 幼年小鼠腹腔内进行免疫。具体实验方案：健康清洁级雌性 C57BL/6 小鼠 48 只，4～5 周龄，体质量 12～14 g，参照文献将实验动物分为实验组（E）和对照组（N），实验组分为 3 组（E1、E2、E3），每组 12 只。分别经腹腔注射含 0.5、1.0、1.5 mg/kg mAb35 的 Ringer's 液 0.2 mL 给 B6 幼年小鼠，对照组（N）注射不含 mAb35 的 Ringer's 液 0.2 mL，3 d 后各组小鼠出现不同程度的肌无力表现，重者可导致呼吸肌无力而死亡。虽然该实验方法成模率较高，成模速度快，但临床症状消失也快，不符合人类的患病特点，故该实验方法难以被广泛应用。

3. 基因疫苗免疫小鼠建立重症肌无力动物模型

郝志波等用基因疫苗 pcDNA2AChR α211 免疫 C57BL/6 小鼠建立 EAMG。方法是将人乙酰胆碱受体 α 亚基 N 端主要免疫区（AChR α211）的基因片段插入穿梭载体 pcDNA3.0 中，构建基因疫苗 pcD-NA2AChR α211。大量提纯质粒 pcDNA2AChR α211 后肌肉注射 C57BL/6 于小鼠体内。用 ELISA 法检测小鼠血清中抗 AChR α211 的 AChR-Ab，并用 PCR 方法检测外源基因在小鼠各组织器官中的分布情况。该实验方法成功率较高，表现较好，但由于该实验需要从

MG 患者提取 AChR α 211 基因片段，过程复杂，要求科技水平较高，实际操作中存在着一定的困难。

二、模型成功标准

（一）临床症状

首先可以通过测量实验动物的体质量来评估，即实验前及接种后每 2 周称重 1 次。另外，可以通过测量肌力来评估，对于轻度肌无力者可通过疲劳实验来评估，连续让实验动物重复抓握笼顶 30 s 再测量。分级方法可采用 Lennon 进行评分。0 级为没有肯定的肌无力表现；1 级为撕咬无力，四肢力量差，在光滑地面上前肢打滑，活动减少，且容易疲劳；2 级为明显无力，在抓握前就出现震颤、低头、隆背、抓握力弱；3 级为在抓握前即有严重的肌无力表现、无力抓握、濒死状态；4 级为死亡。

（二）新斯的明试验法

用新斯的明（37.5 μg/kg）和硫酸阿托品（15 μg/kg）分别于大鼠腹腔注射，12 min 后成功模型组大鼠可表现为无力症状明显好转，但一般可持续 2 ～ 12 h，低频重复电刺激检查电衰减反应阳性。将麻醉后的小鼠仰卧固定在解剖板上，将其下肢解剖，分离出腓肠肌及跟腱，然后将肌电图的电极一根插入腓肠肌内侧头，另一根插入跟腱皮下，给予 3 ～ 5 Hz、连续 10 次的低频电刺激，成功实验模型经刺激后肌电图应呈现为腓肠肌电位及收缩波幅呈衰减波形。测定血清中 AchR-ab 的含量通过眼球取血法将血离心分离血清，分装后 -80℃ 保存待测，采用 ELISA 法检测，操作严格按照试剂盒说明书进行，在酶标仪上波长为 450 nm 处测定 A 值，根据标准曲线，读出抗体水平。AChR 数目的计算将正常组及模型组大鼠腓肠肌溶于 1%（体积分数）Triton X-100 中，分别加入过量 125 Ι 标记 α- 银环蛇毒的磷酸盐缓冲液，孵育 1 ～ 3 h 后加入过量免抗鼠 IgG，所得沉淀物用磷酸盐缓冲液冲洗 2 遍，用 γ 计数仪计数，再用标准曲线求取已结合抗体的 AChR 数。成功的重症肌无力模型大鼠肌肉中的 AChR 数目与正常大鼠比较明显减少。将实验动物处死，迅速取出腓肠肌，使用多聚甲醛固定，石蜡包埋，辣根氧化酶孵育切片 1 h，用磷酸盐缓冲液反复冲洗 3 次，再用联苯二胺过氧化氢在室温下显色，最后在光镜下观察运动终板上 AChR 数目的改变。成功模型组光镜下可见到 EAMG 动物神经末梢和肌纤维处有巨噬细胞浸润，部分肌细胞呈节段性坏死，运动终板上 AchR 数目减少。电镜与光镜不同的是电镜使用高碘酸盐 - 赖氨酸 - 多聚甲醛（PLP）液固定 2 h 后沿肌纤维走行切成 0.15 cm × 0.15 cm × 1.1 cm 大小块，用 PBS 冲洗后再放入辣根氧化酶中，于 4℃孵育 2 h，再用 PBS 洗净，以联苯二胺过氧化氢显色。最后在立体显微镜下寻找神经肌肉接头的部位，使用戊二醛及锇酸固定、脱水、环氧类树脂包埋、切片，经醋酸铀和枸橼酸铅双重染色后使用电镜观察。电镜下显示成功模型组模型突触后膜皱褶退化，突触间隙加宽。

重症肌无力属于世界疑难性疾病，发病率较高，但治疗局限，仅限于激素、免疫抑制剂、血浆置换，疗效不尽如人意，最终给家庭及社会带来沉重负担。中医药治疗该病疗效显著，但其作用靶点仍缺乏大量动物实验学证据。研究表明，EAMG 与 MG 在症状、病理、免疫及组织学方面相似，因此越来越多的实验研究逐渐被重视。经典的动物实验模型是自然提取电鳐中 AchR 蛋白进行免疫 Lewis 大鼠，成模率较高，但其制备过程难度高，且电鳐稀有，费用昂贵，因此该实验方法难以推广应用；人工合成的 AchR 蛋白倍受医学界欢迎，但研究资料及实验研究表明，应用人工合成的 AchR 蛋白进行免疫的实验方法仍较多，但缺少大量成功模型的研究，并且有关 EAMG 的实验方法较少。因此，成功制备 EAMG 模型仍是医学工作者亟待解决的问题。

第四节　类风湿性关节炎免疫功能影响的动物实验研究

类风湿性关节炎（Rheumatoid Arthritis，RA）是一种以侵蚀性关节炎为主要表现的全身性自身免疫病。中医称之为"历节风""尪痹""骨痹"等。其表现为以双手、腕、膝、距、小腿和足关节等小关节受累为主的多关节炎，症状常呈现持续性和对称性。我国 RA 发病率居高不下（0.2% ～ 0.4%）。患者遭受进展性关节破坏，多器官损害，给社会和家庭带来严重的经济负担，成为一个重要的公共卫生问题。虽然 RA 的发病机理仍未完全清楚，但机体免疫系统的功能存在严重障碍已成为共识。大多数患者的血清免疫球蛋白、C- 反应蛋白（C Reactive Protein，CRP）及补体均存在异常，临床上常采用这些指标来观察病情的变化，然而针灸对这些指标的影响仍未有明确的定论。近年来针灸对 RA 免疫功能影响的实验研究报道颇多，现将其研究进展综述如下。

一、针灸对免疫分子的影响

免疫分子主要指抗原及抗体，包括免疫球蛋白、细胞因子、补体和 HLA 分子等。其中细胞因子是一类由免疫细胞分泌的具有调节细胞功能的小分子蛋白质的统称，对免疫细胞间的相互作用、细胞的生长和分化具有重要作用，能介导炎症反应，调节多种细胞生理功能，参与免疫应答和组织修复，是 RA 炎症和关节损伤的重要介质。

唐照亮等经过多次实验研究发现艾灸肾俞、足三里等穴位能有效调节大鼠血清中白细胞介素 -1β（interleukin-1β，IL-1β）、白细胞介素 -2（interleukin-2，IL-2）、肿瘤坏死因子（TNF）含量，纠正因炎症而产生的自由基代谢紊乱，改善机体自身的神经免疫调节机理，从而实现其抗炎与免疫调节的作用，消除关节肿胀。罗磊等亦采用了艾灸肾俞、足三里的方式对 RA 模型大鼠进行治疗，结果显示艾灸组 RA 大鼠跖关节中 IL-1β、TNF-α 的平均水平较模型组明显下降，而 IL-2 则显著上升，表明艾灸对局部关节组织中细胞因子的紊乱也具有良性调节作用。张传英等采用艾灸肾俞穴的方法对类风湿性关节炎大鼠炎症因子和滑膜细胞凋亡进行了观察，随机对照实验结果显示艾灸肾俞穴能抑制 RA 大鼠血清中致炎因子 IL-1 的释放，提高免疫调节因子 IL-2 含量，增强 RA 大鼠滑膜组织的 Caspase-3 蛋白表达，降低 Bcl-2 蛋白表达，从而减轻组织肿胀、滑膜炎症与增生。李建武等采用隔物温和灸的方法对 RA 模型大鼠关节肿胀及 IL-1β、TNF-α 进行了观察，结果显示隔物温和灸能降低 RA 大鼠血清 IL-1β、TNF-α 分泌水平，减轻 RA 大鼠足跖关节肿胀程度。

王瑞辉等采用电针足三里、昆仑穴的方法治疗佐剂性关节炎（AA）大鼠，结果显示与模型组比较，电针组腹腔巨噬细胞 IL-1 和脾脏细胞 IL-6 活性下降（$P<0.05$ 或 $P<0.01$），提示电针可通过抑制 IL-1、IL-6 的活性起到抗炎消肿的作用。颜灿群等采用针刺足三里穴的方法对 CIA 模型小鼠进行了观察，结果显示针刺能有效降低 CIA 小鼠关节炎指数和外周血 TNF-α（$P<0.01$）。王光义等采用足三里、肾俞穴穴位埋线加艾灸的方法对佐剂性关节炎大鼠进行治疗，结果显示与模型组比较，穴位埋线加艾灸可改变佐剂性关节炎大鼠 IL-2、TNF-α 的含量（$P<0.01$），即穴位埋线加艾灸对佐剂性关节炎大鼠机体免疫力有良性调节作用。张海波等采用激光针灸对 CIA 大鼠血清 IL-1β、IL-15、IL-17、TNF-α、血管内皮生长因子（VEGF）和皮质醇（COR）进行了研究，结果显示激光针灸能够有效降低 CIA 大鼠血清 IL-1β、IL-15、IL-17、TNF-α、VEGF

等促炎因子的表达水平，提高血清 COR 等抗炎因子的表达水平。王兴等研究了调督通脉针灸法对佐剂性关节炎大鼠膝关节滑膜中 TNF-α、IL-10 表达的影响，发现调督通脉针灸法能够降低佐剂性关节炎大鼠膝关节滑膜中 TNF-α 的表达，提升 IL-10 的表达水平，具有双向调节作用。

二、针灸对免疫应答的影响

免疫应答是机体免疫系统对抗原刺激所产生的以排除抗原为目的的生理过程，是机体保持内环境稳定的重要机理。核转录因子 kappa B（Nuclear Transcription Factor Kappa B，NF-κB）存在于神经细胞及胶质细胞中，主要定位于突触部位，在一些细胞因子、蛋白激酶、氧化剂等的刺激下被激活，参与机体防御反应、细胞分化和凋亡、组织损伤和应激以及肿瘤生长抑制过程的信息传递。NF-κB 在 RA 的炎症、增生和骨侵蚀等病理过程中起着中心调节作用。

张秀荣等采用针刺夹脊穴 C7-L4 的方法治疗 CIA 大鼠模型，结果显示针刺夹脊穴组 C7-L4 脊神经节细胞质中 NF-κB 阳性反应物高于细胞核，细胞核蛋白表达水平低于 CIA 组（$P<0.01$），表明针刺后 CIA 大鼠脊神经节细胞核内已被激活的 NF-κB 部分重新返回细胞质，说明针刺夹脊穴可能可以抑制 NF-κB 的激活。张秀荣等采用夹脊温针灸法对佐剂性关节炎大鼠膝关节滑膜核因子 NF-κB 也进行了观察，结果显示夹脊温针灸法可降低佐剂性关节炎大鼠膝关节滑膜 NF-κB 高表达活性，表明夹脊温针灸法可降低滑膜组织中异常活化的 NF-κB 活性表达，从而抑制 NF-κB 信号通路活化，达到治疗作用。王兴等采用调督通脉针灸法对佐剂性关节炎大鼠脊神经核因子 NF-κB 的表达进行了研究，结果显示调督通脉针灸法能够抑制脊神经节 NF-κB 的高表达活性。

三、针灸对免疫细胞的影响

免疫细胞是指参与免疫应答或与免疫应答相关的细胞，包括淋巴细胞、树突状细胞、单核/巨噬细胞、粒细胞、红细胞、肥大细胞等。余曙光等对电针对类风湿性关节炎大鼠 T 细胞凋亡的影响进行了研究，发现电针足三里治疗后，佐剂性关节炎大鼠模型组外周血 T 淋巴细胞凋亡率高于模型组，表明电针能够增加外周血 T 淋巴细胞的凋亡率。贾杰等运用灸法对 RA 大鼠红细胞免疫功能进行了观察，结果显示灸法组能有效地改善 RA 大鼠的红细胞免疫功能。

四、针灸对免疫器官的影响

罗磊等采用艾灸肾俞、足三里穴的方法对类风湿性关节炎模型大鼠的胸腺指数和脾指数进行了观察，发现与模型组比较，艾灸可提高大鼠的胸腺指数，降低脾指数（$P<0.01$，$P<0.05$），即艾灸能改善胸腺萎缩和脾脏增大，保护胸腺、脾脏等免疫器官。

类风湿性关节炎是以侵蚀性关节炎为特征的慢性自身免疫性疾病，虽然其发病机理仍未完全清楚，但免疫发病机理已得到大量临床和实验研究的认可。目前，临床提倡在综合治疗 RA 的同时，积极有效地改善 RA 患者的免疫功能状态，对减慢病程进展、提高患者生活质量尤为重要。虽然西药治疗可在一定程度上缓解病情，但副作用较大，价格昂贵，不适宜长期服用。我国传统医学的针灸疗法已有数千年的历史，其疗效肯定，无毒，廉价，正越来越被医学界接受和青睐。近年来，运用传统医学疗法，结合现代生物学原理，尝试通过改善患者免疫系统功能来提高 RA 等自身免疫性疾病疗效的探索性研究越来越受到重视，探讨其中的免疫学原理具有重要的理论意义和临床价值。

综合上述实验研究，针灸对 RA 免疫系统具有良性调节作用，既能够调节免疫分子、免疫细胞的不足或过量，又可以抑制免疫应答，保护免疫器官。但目前的实验研究仍以免疫分子或免疫细胞在机体内的变化水平为主，而对其发生变化的原因和机理相对涉及较少。因此，在今后的研究中应多结合当代西方医学治疗 RA 的免疫学手段，深入研究针灸调节 RA 免疫功能的机理，探索出更新更有效的针灸治疗方法。

第五节 血清学免疫抗体检测在动物疫病防控中的应用

血清学免疫抗体检测对评价疫苗免疫效果、修订疫苗免疫程序、重大疫情预防预警、疫病发病原因分析等均具有重要的指导意义。从血清学免疫抗体检测的原理、采用的方法、作用意义、检测结果分析等方面总结探讨血清学免疫抗体检测在动物疫病防控中的应用情况，对提高我国动物疫病的综合防控能力具有一定的参考价值。

当前，随着我国养殖产业的快速发展，动物疫病流行情况日益复杂，临床中常常表现出多种致病原混合感染和继发感染，动物疫病防控压力越来越大。我国对动物疫病的综合防控尤其是烈性传染病的防控一直采取以疫苗免疫接种为主的综合防控措施。疫苗免疫接种是动物免疫防控措施中的一项十分重要的工作，而血清学免疫抗体检测可直接评价疫苗接种后的免疫效果，只有疫苗免疫抗体水平达到一定的滴度才能对相应致病原的感染起到有效保护作用，针对血清学免疫抗体检测结果可直接评价疫苗的免疫效果、修订疫苗的免疫程序、预防预警重大疫情、分析疫病发病，故血清学免疫抗体检测工作将逐步成为动物疫病综合防控体系中的一项基础性工作。本节论述了血清学免疫抗体检测在动物疫病防控中的应用情况，旨在呼吁基层养殖单位加强对血清学免疫抗体检测工作的重视，合理运用血清学免疫抗体检测结果及时修订疫苗免疫程序，确保疫苗的免疫效果，对动物体提供有效保护。

一、血清学免疫抗体检测的原理

当疫苗接种到动物机体后，动物机体的免疫系统可识别疫苗，并经过一系列复杂的免疫应答反应产生能够与疫苗相对应的特异性中和抗体，该中和抗体水平的高低与疫苗的接种剂量、接种方式、接种时间、动物机体健康水平等密切相关，只有动物机体产生滴度足够高的中和抗体才能够对致病原的感染起到有效的保护作用。血清学免疫抗体检测就是基于疫苗与抗体的特异性免疫学中和反应，通过检测动物体内免疫抗体水平可以直接分析疫苗免疫后动物机体的免疫应答水平，评价疫苗对致病原感染的保护水平。

二、血清学免疫抗体检测的意义

（一）评价疫苗免疫效果

市场中众多疫苗生产厂家的疫苗质量参差不齐，且疫苗在运输、保存、使用等过程中受到高温等环境影响有可能导致疫苗质量下降，疫苗免疫过程中操作不当、免疫剂量不足，均可影响疫苗的免疫效果。通过血清学免疫抗体检测可以掌握疫苗免疫后动物机体是否产生了抗体以及抗体水平的高低，并可直接评价疫苗质量和疫苗免疫效果。

（二）修订疫苗免疫程序

每只动物每年都有进行数种疫病疫苗的免疫接种，多种疫苗相互之间存在干扰作用，不同疫苗对动物保护时间各不相同，且受母源抗体影响，每种疫苗对动物最佳免疫日龄也各不相同，因此养殖场的免疫程序也各不相同，不能机械地模仿其他养殖场的免疫程序，即便是本养殖场以往的免疫程序也不能完全应用。通过血清学免疫抗体检测可掌握动物机体疫苗免疫后的抗体消长规律，确定每种疫苗的最佳免疫时机，使养殖场能够根据自身养殖情况修订出一个适合本场的、科学合理的免疫程序。

（三）重大疫情预防预警

疫苗免疫抗体监测是重大疫情防控中的重要环节，是重大动物疫情预防预警的重要依据，在一定区域内只有疫苗免疫合格率达到一定水平（如我国对猪瘟疫苗、口蹄疫疫苗的整体免疫合格率均要求不低于 70%）才能有效避免疫情的大规模爆发。血清学免疫抗体检测可以帮助基层部门掌握不同区域内不同时间的疫情，在疫情暴发前及时做出迅速反应，避免造成巨大损失。

（四）疫病发病原因分析

疫病发生后准确分析发病原因对后期及时采取治疗措施至关重要，通过血清学免疫抗体检测可以在一定程度上分析疫病的发病原因。例如，在发病前和发病后某种致病原疫苗的免疫抗体水平均较高，则可以确定该致病原不是此次疫病的发病原因；在发病前免疫抗体水平较低，而在发病后免疫抗体水平迅速升高，则可以确定该致病原为此次疫病的发病原因。

三、血清学免疫抗体检测采用的方法

随着现代免疫学方法的不断发展，血清学免疫抗体检测方法也随之得到了发展和完善，当前血清学免疫抗体检测采用的比较成熟的方法主要有琼脂扩散实验、凝集实验、中和实验、ELISA 法等。其中，琼脂扩散实验虽然操作简单，但该方法的敏感性较低，检测样品数量有限、观察时间较长，不适合大量动物免疫抗体的快速检测，目前在临床中应用较少。凝集实验方法操作简单，检测快速，但一般均具有一定的非特异性凝集反应，特异性较低，目前在临床中应用比较多的有血凝抑制实验（如新城疫疫苗、禽流感疫苗的免疫抗体检测）、试管凝集实验（如布氏杆菌病疫苗的免疫抗体检测）、乳胶凝集实验（如猪乙型脑炎疫苗的免疫抗体检测）、直接凝集实验（如鸡白痢疫苗的免疫抗体检测）。中和实验方法准确、可靠，但操作复杂，实验周期较长，目前在临床

中应用较少，其逐步被 ELISA 方法所替代（如猪伪狂犬疫苗的免疫抗体检测过去采用中和实验方法，现在采用 ELISA 方法）。ELISA 方法是近几年才开始广泛推广使用的抗体检测方法，具有灵敏度高、特异性强、操作简单、高通量等优点，目前在临床中应用的有间接 ELISA（如猪圆环病毒疫苗的免疫抗体检测）和阻断 ELISA（如口蹄疫疫苗的免疫抗体检测）两种方法。在诸多的抗体检测方法中，ELISA 方法检测速度快、高通量，特别适合大面积免疫范围内的快速检测，在动物疫病临床应用中具有巨大的开发潜力，将逐步成为动物疫苗血清学免疫抗体检测的主要方法。

四、血清学免疫抗体检测结果的分析与对策

对养殖场接种疫苗后的免疫抗体进行检测，其平均抗体水平和整齐度可能存在以下 4 种检测结果，对于不同的检测结果应采取不同的对策。

（一）平均抗体水平较高，整齐度较好

表明疫苗免疫效果整体较好，不用修订免疫程序，定期跟踪检测免疫抗体，在平均抗体水平和整齐度显著下降后进行二次免疫。

（二）平均抗体水平较低，整齐度较差

表明疫苗免疫效果不理想，已造成免疫失败，此时感染疫病的风险非常高，应查找疫苗免疫失败的原因，并及时补充免疫，修订免疫程序。

（三）平均抗体水平较高，整齐度较差

表明疫苗免疫效果整体较好，免疫程序较合理，不用修订免疫程序。由于整齐度与疫苗质量差异、疫苗注射剂量差异等密切相关，应查找整齐度较差的原因并及时改正，如是否采用同一批次的疫苗、疫苗使用过程中是否温度过高、是否注射剂量不均衡、是否注射部位不一致，应根据查找结果改进免疫操作方法。

（四）平均抗体水平较低，整齐度较好

表明疫苗免疫效果整体较差，免疫程序不合理，应查找免疫程序不合理的原因，如母源抗体水平是否较高、动物群体是否处于免疫抑制状态下、疫苗之间是否存在免疫干扰，应根据查找结果修订免疫程序。

传统动物疫病的诊疗方式已不能满足规模养殖后动物疫病综合防控的需

求，疫苗免疫接种和免疫抗体监测已成为当前动物疫病综合防控的重要环节，血清学免疫抗体检测对提高动物疫病的综合防控能力具有重要的指导意义，养殖场应加强对血清学免疫抗体检测工作的重视，根据自身条件科学合理选择免疫抗体检测方法，根据免疫抗体检测结果及时修订免疫程序，降低动物疫病感染发病风险，保障动物健康，推动养殖业稳定发展。

第六节　非洲猪瘟的流行病学和动物的免疫应答

本节是《非洲猪瘟及其传入美国的趋势以及随后在野猪和当地蜱中确立的可能性（综述）》的第二部分，重点介绍非洲猪瘟的全球分布和流行病学、动物对非洲猪瘟病毒的免疫应答。

一、全球分布和流行病学

自 20 世纪 20 年代首次记载至 1957 年前，非洲猪瘟（African Swine Fever，ASF）的暴发一直局限于非洲，1957 年葡萄牙报道了此病的发生。此次疫情得到了有效的控制和扑灭，直到 1960 年再次发生，后一次暴发造成 ASF 于 1995 年前在伊比利亚半岛（葡萄牙和西班牙）呈地方性流行。在 20 世纪 70 年代和 80 年代，ASF 在世界的多个地区暴发，包括其他欧洲国家（荷兰、意大利、法国和比利时）和美洲（古巴、多米尼加共和国、海地和巴西）。这种全球性传播被认为大部分是因为家猪采食了经过国际航空或海运进入各地区污染猪肉的产品造成的。疫情在家猪群中形成后，感染猪和猪肉产品成为主要的传染源。

根据非洲猪瘟病毒（African Swine Fever Virus，ASFV）通过直接的和间接的接触以及通过节肢动物媒介传播的能力，研究人员列出了 5 种流行病学情境和每一种情境发生的范例地区，这取决于该病毒的野生储库和有能力传播此病毒的蜱媒介的存在。第一种情境包括原始自然循环，介绍了在东非和南非的传播，在此类传播中，丛林传播循环发生在野猪尤其是疣猪和毛白钝缘蜱之间。非洲猪瘟蔓延进入家猪群通常与感染蜱的叮咬或摄入污染的疣猪肉有关。第二种情境描述主要通过感染猪和易感家猪之间的直接接触传播以及易感动物与污染的猪肉产品之间的间接接触传播。此类情境不涉及蜱。这描述了 ASF 在许多西非国家的动态特性，正如在伊比利亚半岛观察到的那样。第三种情境描述了野猪和家猪都受到感染，传播主要通过感染动物和易感动物之间的直接接触传播以及通过食用感染的肉传播。游走鸟壁虱有助于其在户外生产体系中传播，然而，这种蜱不能经卵传播，因此它的媒介载体能力低于毛白钝缘蜱。1968—1980 年，研究人员在美洲中部和美洲南部观察到了第四种情境，即 ASF 仅感染家猪，野猪和蜱均未参与。相比其他所有疫情暴发情况，这种情境更容易扑灭。第五种情境发生于俄罗斯和南高加索，这些地区的野猪和家猪均参与了 ASFV 的传播，但是蜱未参与。大多数疫情发生于家猪，并与感染动物及其产品的流通有关。对该地区的研究而言，理解该病的流行病学很重要，因为制定紧急控制和扑灭计划取决于疾病的传播模式和风险因素。

二、对 ASFV 的免疫应答

动物感染 ASFV 后的特征为严重的免疫抑制和细胞凋亡，病毒主要在单核细胞和巨噬细胞中复制，被认为通过受体介导型胞吞作用进入细胞。激活的巨噬细胞会释放 IL-1、IL-6 和 TNFα，它们都会引发急性期反应、炎症、内皮细胞活化和细胞凋亡。研究人员在 ASFV 的所有毒株上均已观察到相似的细胞偏嗜性和组织分布，然而，更为严重的组织破坏与毒力增强的毒株有关。中和抗体、CD8+T 细胞和自然杀伤细胞被认为在宿主对 ASFV 的免疫应答中起着重要的作用。体外实验表明，一些细胞机制受 ASFV 通过编码特异性调控基因以及通过病毒蛋白和细胞蛋白相互作用的调控；然而，感染后改变的大多数细胞功能仍然未知。蛋白质组学评价证实 ASFV 会中止大多数的蛋白质合成，影响大约 65% 的细胞蛋白。研究发现，特殊的细胞蛋白在 ASFV 感染后过度表达，且大多数参与氧化还原平衡、细胞程序性死亡和凝集。

研究人员评估了中和抗体的作用，结果不一致。有学者在家猪上进行了被动传递实验，结果发现接受抗 ASFV IgG 抗体的猪在攻毒后 85% 存活，而未免疫的对照组猪无一存活。处理组猪经历暂时性发热，但是其他临床表现正常。研究发现，接受抗体传递的猪发生病毒血症的时间推迟，同时其严重性缓解。

研究人员在 ASFV 的三种病毒壳体蛋白（p30 蛋白、p54 蛋白和 p72 蛋白）上鉴定出了病毒中和抗原决定簇，家猪在用同种病毒攻毒前用表达每种蛋白的杆状病毒进行免疫。结果发现，免疫猪推迟 2 d 出现临床症状，同时病毒血症减轻，但是这不会影响疾病的形成、发展或暴发。该研究人员总结道，针对这些 ASFV 蛋白的中和抗体不足以构成抗体介导型免疫保护。

前述的发现似乎结论完全相反，产生差异的原因部分被认为是毒株（和随后造成的毒力）和攻毒剂量的不同。中和抗体的相对作用可能取决于所用的 ASFV 分离株的毒力，因为中和抗体能够针对毒力较低的毒株向动物提供更好的保护。然而，两个实验在研究设计上存在巨大差异，很难进行比较，因为前者使用被动免疫，而后者用的是特异性决定簇免疫，是利用多种抗体混合物免疫。因此，目前还需要对抗体的作用进行更进一步的鉴定。

有趣的是，研究人员在莫桑比克北部——一个 ASF 的流行区——发现一群家猪拥有抗 ASFV 的高水平循环抗体。研究人员从该群猪中挑选了一组，并通过 ASFV 的实验性攻毒来评价其后代在这种 ASF 抵抗力上的遗传力。其后代对 ASFV 强毒株的攻毒极易受影响，这表明亲本群对 ASFV 的抵抗力不可遗传。研究人员推测，观察到的抵抗力来自在感染强毒株前，早先曾暴露于毒力较低但是抗原性相似的野毒株下；母源抗体保护；以及暴露于可以造成能够对随后的攻毒赋予免疫力的不至死感染的小剂量感染物。

三、ASF 及其在欧洲的传播

ASF 在非洲的大部分地区呈地方流行性，但是于 1957 年首次从非洲大陆传入葡萄牙，并于 1960 年再次传入。最可能的传播路径是被 ASFV 污染的泔水，因为这是病毒远距离传播的一条非常有效的途径。非洲猪瘟首次发现是在里斯本机场附近饲喂泔水的猪群中，这进一步证实了 ASFV 是通过这一路径传入的猜想。然后，ASFV 传播到西班牙并在伊比利亚半岛保持流行直到 20 世纪 90 年代。一旦传入，ASF 特别难以根除，因为存在野生储库和感受态软蜱媒介、缺乏疫苗以及缺乏针对性的快速准确诊断的实验室支持。需要注意的是，基于疾病的流行病学和生态学，野猪在 ASFV 的维持和传播上发挥着显著不同的作用。在伊比利亚半岛，野猪在 ASF 的流行病学上起到了某种程度的作用，但是它们似乎不会扰乱控制措施，这与东欧的情况相反，ASF 在东欧野猪群中的流行已经稳定但不依赖家猪。在 1960 年到 1986 年期间，非洲猪瘟传入多个欧洲国家，包括法国、意大利（包括撒丁岛）、比利时、荷兰和马耳他。大规模的控制已经使这些国家净化了该病，但意大利除外，非洲猪瘟自 1978 年开始在该地呈地方性流行。

2007 年 6 月，ASF 传入高加索地区的格鲁吉亚，推测的传染源是停靠在黑海波季港的船只上含有感染猪肉的餐饮残渣。非洲猪瘟病毒迅速传遍该国各地，到 2007 年 7 月，ASFV 在格鲁吉亚 62 个行政区中的 56 个中均有发现。2007 年 8 月，ASF 在与格鲁吉亚接壤的亚美尼亚被发现。2007 年 11 月，ASF 在阿塞拜疆和俄罗斯被发现。2014 年，欧盟部分地区，包括波兰、立陶宛、拉脱维亚和爱沙尼亚报道暴发了 ASF 疫情；在这些国家中，首次检出的 ASFV 均来自死亡野猪。来自立陶宛和拉脱维亚的流行病学调查显示，被传染性野猪排泄的 ASFV 污染的新鲜草料和种子是庭院式猪场中猪群感染的传染源。该病毒在庭院式猪场猪群中扩增，随后成为其他庭院式猪场和商品猪场猪群感染的传染源。2017 年，捷克共和国和罗马尼亚报道暴发了 ASF，并且在 2017 年 1 月到 9 月期间，动物疾病通报系统接到了来自 6 个欧盟成员国（包括意大利）的 3700 例野猪和近 140 例家猪暴发非洲猪瘟的报告。有趣的是，最新的非洲猪瘟流行病学情况模型表明，ASF 传入欧盟无 ASF 国家的最重要的风险评估值是野猪栖息地，最不重要的风险评估值是野猪密度；因此，这表明野猪的存在比它们的生长密度更为重要。该模型可以用于鉴别通过野猪传入 ASF 的高风险的国家。

研究人员在给野猪实验性接种来自高加索地区的 ASFV 毒株后发现，该病毒的感染会造成一致的致死率，这些研究人员推断，这种高毒力毒株不适于野猪自然种群中的病毒流行。除了该主张外，野外观察表明，该病毒除了具有高毒力外还可以独立存在于野猪中。重要的是，研究发现，给野猪低剂量攻毒高加索地区的 ASFV 分离株足以造成弱小动物受到感染。一旦感染，这些野猪可能会将 ASFV 扩增到足以感染看似健康的同伴的水平。ASFV 的高毒力毒株在野猪群中维持的确切机制尚不明确，然而在多种流行病学情况中，研究人员已经清楚地发现 ASFV 可以独立存留在野猪群中。

发现于伊比利亚半岛被称为游走鸟壁虱的感受态媒介一旦侵入猪群也使得非洲猪瘟病毒的净化变得复杂化。葡萄牙于 1993 年宣布无 ASFV，但是该病毒于 1999 年再次出现在一家猪场。1993 年感染 ASFV 的游走鸟壁虱被认为是非洲猪瘟病毒传入猪场的媒介。研究人员采集了因 ASF 清群的猪场中的蜱，并评估了其维持 ASFV 感染和传播给易感家猪的能力。研究人员用细胞培养法评估蜱感染情况，结果发现仅 4 只成年蜱在细胞培养上呈阳性，另有 6 只成年蜱在细胞培养和聚合酶链式反应或者直接抗体荧光染色中均呈阳性。研究还发现，8.8% 的受测猪场存在蜱感染，这种感染可能会造成在最后一次有可能发生的 ASFV 感染后 2.5 ～ 5.25 年分离到病毒，如葡萄牙在最后一次有可能感染 ASFV 的 2.3 年后发生了易感家猪受到感染。这些发现表明，目前欧盟对 ASF 的管理规定是恰当的。欧盟的管理规定：在没有软蜱媒介存在时，感染物在感染后要再存储 40 d；如果软蜱媒介介入，要求进行 6 年的检疫。此外，1999 年葡萄牙扑灭非洲猪瘟后，长期存活的感染 ASFV 的软蜱导致一家猪场暴发了 ASF。然而，值得注意的是该发现与古老而传统的猪饲养方式有关，利用猪舍软蜱可能在其中定植。通过使用现代化的养猪方法，软蜱感染就不太可能会发生。

参考文献

[1] 胡圣尧，孟凡云.医学免疫学 [M].3 版.北京：科学出版社，2012.

[2] 金伯泉.医学免疫学 [M].5 版.北京：人民卫生出版社，2008.

[3] 杨汉春.动物免疫学 [M].2 版.北京：中国农业大学出版社，2003.

[4] 王永芬，乔宏兴.动物生物制品技术 [M].北京：中国农业大学出版社，2011.

[5] 松佩拉克.免疫学概览 [M].2 版.李琦涵，施海晶，等译.北京：化学工业出版社，2005.

[6] 于善谦.免疫学导论 [M].2 版.北京：高等教育出版社，2008.

[7] 董德祥.疫苗技术基础与应用 [M].北京：化学工业出版社，2002.

[8] 李巧枝.生物化学实验技术 [M].北京：中国轻工业出版社，2010.

[9] 陈昭妃.营养免疫学 [M].北京：中国社会出版社，2004.

[10] 高晓明.免疫学教程 [M].北京：高等教育出版社，2006.

[11] 李瑾.基因芯片技术的发展与应用 [J].中国兽医杂志，2007，43（8）：87-89.

[12] 任秀宝.T 细胞过继免疫治疗技术的研究进展 [J].中国肿瘤临床，2012，39（9）：481-485.

[13] 张志伟，宋鑫.DC-CIK 细胞临床制备规范化研究 [J].中国肿瘤，2011，20（2）：85-88.